21世纪高职高专规划教材

计算机基础教育系列

计算机应用基础
上机实训教程
(Windows 7+Office 2010)

季国华　陈凤妹　主　编

杨云雪　阳树铭　副主编

朱　峰　代冉冉　田亚崇　参　编

清华大学出版社

北京

内 容 简 介

本书以 Windows 7 和 Office 2010 为例,按照江苏省计算机等级一级 B 考试大纲的要求,注重高职学生实际应用能力的培养,为适应项目化教学方法而编写。

全书共分为 7 个项目,包括 Windows 7 操作系统、Word 2010 文字处理软件、Excel 2010 电子表格制作软件、PowerPoint 2010 演示文稿制作软件、因特网基础与简单应用,以及模拟练习(一级 B)和模拟练习(二级 B)。部分项目通过知识链接、案例强化、综合实训等过程对学生操作技能进行训练。

本书内容全面、由浅入深、概念清楚、图文并茂、通俗易懂,可作为高职高专院校各专业的计算机公共课程教材,也可作为全国计算机等级考试的参考书和办公自动化人员的培训教材。

图书在版编目(CIP)数据

计算机应用基础上机实训教程:Windows 7＋Office 2010/季国华,陈凤妹主编.—北京:清华大学出版社,2019

(21 世纪高职高专规划教材.计算机基础教育系列)

ISBN 978-7-302-53679-6

Ⅰ.①计… Ⅱ.①季…②陈… Ⅲ.①Windows 操作系统－高等职业教育－教材 ②办公自动化－应用软件－高等职业教育－教材 Ⅳ.①TP316.7②TP317.1

中国版本图书馆 CIP 数据核字(2019)第 187219 号

责任编辑:孟毅新
封面设计:常雪影
责任校对:刘　静
责任印制:沈　露

出版发行:清华大学出版社
　　网　　址:http://www.tup.com.cn, http://www.wqbook.com
　　地　　址:北京清华大学学研大厦 A 座　　　　　邮　　编:100084
　　社 总 机:010-62770175　　　　　　　　　　　邮　　购:010-62786544
　　投稿与读者服务:010-62776969, c-service@tup.tsinghua.edu.cn
　　质量反馈:010-62772015, zhiliang@tup.tsinghua.edu.cn
　　课件下载:http://www.tup.com.cn,010-62770175-4278
印 装 者:北京嘉实印刷有限公司
经　　销:全国新华书店
开　　本:185mm×260mm　　　印　　张:16.25　　　字　　数:369 千字
版　　次:2019 年 9 月第 1 版　　　　　　　　　　印　　次:2019 年 9 月第 1 次印刷
定　　价:48.00 元

产品编号:084112-01

前　言

　　随着信息技术的飞速发展,如何提高学生的计算机应用能力,增强学生利用网络资源优化自身知识结构及技能水平,已成为高素质人才培养过程中的重要问题。为了适应当前高等教育教学改革的形势,满足高职高专教育非计算机专业"大学计算机信息技术"教学需要以及江苏省计算机等级考试一级 B 考试大纲的要求,我们组织编写了本书。

　　本书采用项目化教学方式,注重培养学生的动手操作能力。在本书的编写过程中,力求语言精练、内容实用、操作步骤翔实。为了方便教学和自学,书中采用了大量图片和实例。本书可作为高职高专"大学计算机信息技术"课程的实验指导书,也可作为各类高等院校计算机应用基础课程教学中的配套使用教材,还可以作为江苏省计算机等级一级 B 考试的考前辅导资料。

　　本书是江苏省苏州市硅湖职业技术学院校企合作教材,编写中得到了硅湖职业技术学院领导和计算机教研室全体教师的大力支持与帮助,在此对他们表示衷心的感谢。

　　由于编者水平有限,书中难免有不足之处,敬请读者批评、指正。

编　者
2019 年 7 月

目　录

Windows 7 操作系统

　　Windows 7 是由微软公司开发的操作系统,旨在让人们的日常计算机操作更加简单和快捷,为人们提供高效易行的工作环境。Windows 7 在硬件性能要求、系统性能、可靠性等方面,都颠覆了以往的 Windows 操作系统,是微软开发的非常成功的一款产品。此外,Windows 7 完美支持 64 位操作系统,支持 4GB 以上内存和多核处理器。

　　Windows 7 操作系统有多个版本,如家庭普通版、家庭高级版、专业版、旗舰版等,其中旗舰版的功能最为丰富,本章介绍的均为基本的操作功能,适用于所有版本。

1.1　项目提出

　　用户成功安装 Windows 7 操作系统以后,需要对系统进行一些个性化的设置,有些新特性在 Windows XP 系统上是从来没有使用过的。此外,在 Windows 7 系统中,对于文件和文件夹的管理、软/硬件的管理、网络的配置,以及对系统基本的维护和优化,有些操作和 Windows XP 系统也是不同的。为了更好地使用新系统的功能,读者需要对 Windows 7 操作系统作一个初步的了解。

1.2　知识目标

　　(1) 熟悉 Windows 7 在视觉上和操作上的新特性。
　　(2) 掌握 Windows 7 的桌面、菜单、任务栏的个性化设置方法。
　　(3) 掌握 Windows 7 中的文件和文件夹的管理方法。
　　(4) 掌握 Windows 7 中基本的软件和硬件的管理方法。
　　(5) 掌握 Windows 7 的有线网络和无线网络的配置方法。
　　(6) 掌握 Windows 7 自带常用工具的使用方法。

1.3　项目实施

任务 1:Windows 7 新体验

1. Windows 7 的软/硬件基本要求

Windows 7 的安装同其他操作系统基本一样,将 BIOS 设置为由光驱启动,然后使用安装光盘进行全新安装；也可以使用升级安装光盘，在 XP 系统的基础上进行升级安装。但是一般不建议用户采用升级安装，最好能在一个单独的分区中进行全新安装。

    Windows 7 对硬件的要求并不高，目前大部分机器都能够流畅地运行。安装 Windows 7 的基本硬件要求如表 1-1 所示。

表 1-1   安装 Windows 7 的基本硬件要求

项　目	32 位系统	64 位系统
处理器	双核 1GHz	双核 1GHz
内存	1GB	2GB
可用硬盘空间	16GB	20GB
显卡	支持 DirectX 9 的图形设备	
其他设备	屏幕纵向分辨率不低于 768 像素	

2. Windows 7 的启动与退出

1) Windows 7 的启动

Windows 7 的启动过程如下。

(1) 按下计算机主机电源键，使计算机启动。

(2) 启动完成后，进入 Windows 7 系统的登录界面。

(3) 若操作系统有多个用户，则选择一个用户，并输入该用户的密码，当出现 Windows 7 系统桌面时启动完成。

2) Windows 7 的退出

当不再使用计算机时应及时将其关闭，正确的关闭计算机的顺序如下。

(1) 关闭所有打开的应用程序。

(2) 退出 Windows 7 操作系统。操作步骤为：单击任务栏中的"开始"按钮 ⊛，在弹出的"开始"菜单中单击"关机"按钮。

(3) 依次关闭所有外围设备的电源，如显示器、打印机等。

此外，Windows 7 还提供了退出或暂停当前用户操作的方法。用户只需单击"关机"按钮右侧的三角形按钮 ▶，弹出一个菜单，如图 1-1 所示，选择其中任意一个选项，即可执行相应操作。

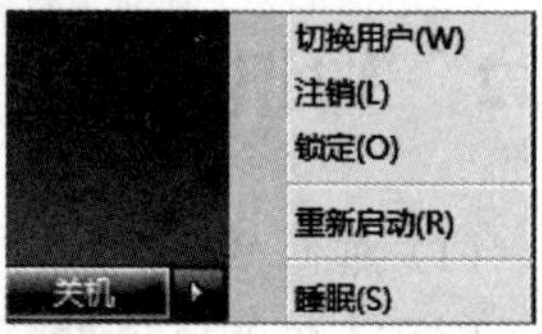

图 1-1   退出或暂停用户操作

3. Windows 7 的 Aero 视觉体验

Aero 是从 Windows Vista 开始使用的新型用户界面，透明玻璃感让使用者一眼贯穿。Aero 为 4 个英文单词的首字母缩写：Authentic(真实)、Energetic(动感)、Reflective (反射)及 Open(开阔)，意为 Aero 界面是具立体感、令人震撼、具透视感和阔大的用户界面。除了透明的界面外，Windows Aero 也包含了实时缩图、实时动画等窗口特效。Windows 7 目前所使用的 Windows Aero 有许多功能上的调整，以及新的触控界面和新的视觉效果及特效。不过这个功能需要在 Windows 7 家庭高级版以上才能发挥作用，因此这也是市场上很多主流计算机采用 Windows 7 家庭高级版预装的主要原因。

Aero 特效包括 3 种特殊效果：透明毛玻璃效果、Windows Flip 实时预览、任务栏缩略图。

（1）透明毛玻璃效果可以使用户在窗口边框上透视到底层的图标。

（2）使用 Windows Flip 3D,可以快速预览所有打开的窗口（如打开的文件、文件夹和文档）而无须单击任务栏。如图 1-2 所示,可以通过按 Ctrl＋Windows＋Tab 组合键打开 Flip 3D。

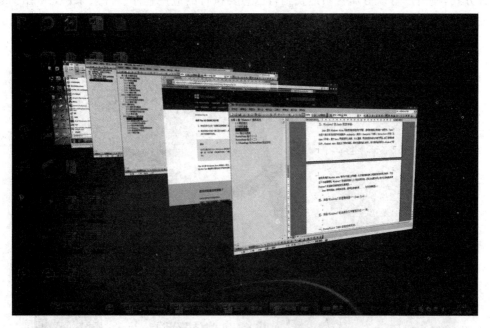

图 1-2　Windows Flip 3D 效果图

（3）使用任务栏缩略图,可以在任务栏上显示相同类型的所有窗体的缩略图,然后将光标悬停于或者单击需要打开的窗口缩略图,就可以显示该窗口,如图 1-3 所示。

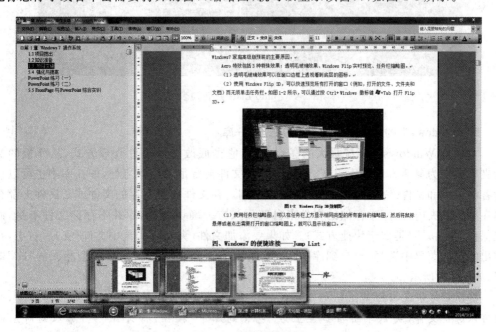

图 1-3　任务栏缩略图

4. Windows 7 的便捷连接——Jump Lists

　　Jump Lists(跳跃菜单)是 Windows 7 中的一项新功能,可以为用户提供程序的快捷打开方式,使用户可以更加容易地找到自己想要执行的应用程序。一般来讲,Jump Lists被安插在"开始"菜单中,当右击任务栏中的图标时,即可实现 Jump Lists 功能,如图 1-4 所示。

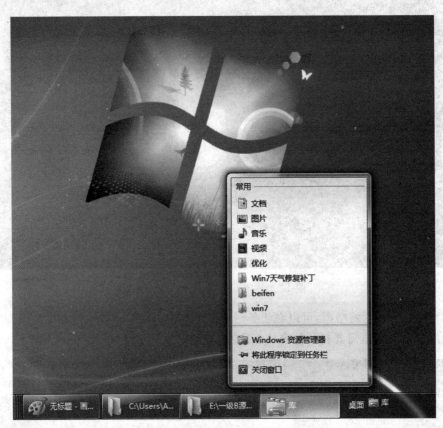

图 1-4　Jump Lists 跳转列表

5. Windows 7 的全新的文件管理方式——库

　　"库"是 Windows 7 系统最大的亮点之一,它彻底改变了文件管理方式,从死板的文件夹方式变为灵活方便的库方式。其实,库和文件夹有很多相似之处,如在库中也可以包含各种子库和文件。但库和文件夹有本质区别。在文件夹中保存的文件或子文件夹都存储在该文件夹内,而库中存储的文件来自四面八方。确切地说,库并不存储文件本身,而仅保存文件快照(类似于快捷方式)。如果要添加文件(夹)到库,选中文件(夹)后右击,在弹出的快捷菜单中选择"包含到库中"命令,并在其子菜单中选择一项类型相同的"库"即可,如图 1-5 所示。

　　提示:部分版本的 Windows 7 系统不能通过右击的方式把文件(夹)加入到库中,此时可以选中文件(夹),单击窗口左上方"包含到库中"按钮,将文件(夹)加入到对应的库中。

图 1-5　将文件(夹)加入到库

Windows 7 库中默认提供视频、图片、文档、音乐这 4 种类型的库,用户也可以通过新建库的方式增加库的类型。如图 1-6 所示,在"库"根目录上右击,在弹出的快捷菜单中选择"新建"→"库"命令,输入库名即可创建一个新的库。

图 1-6　新建库

任务 2:Windows 7 个性化设置

1. 设置桌面

Windows 7 是一个崇尚个性的操作系统,它不仅提供各种精美的桌面壁纸,还提供更多的外观选择、不同的背景主题和灵活的声音方案,让用户随心所欲地"绘制"属于自己的个性桌面。

Windows 7 通过 Windows Aero 和 DWM 等技术的应用,使桌面呈现出一种半透明的 3D 效果。

1）桌面外观设置

个性化设置桌面外观的步骤如下。

（1）右击桌面空白处。

（2）在弹出的快捷菜单中选择"个性化"命令，打开"个性化"窗口，如图 1-7 所示。

图 1-7　个性化桌面设置

（3）Windows 7 在 Aero 主题下预置了多个主题，直接单击所需主题即可改变当前桌面外观。

2）桌面背景设置

如果需要自定义个性化桌面背景，可以按如下步骤进行操作。

（1）在"个性化"窗口下方单击"桌面背景"图标。

（2）打开"桌面背景"窗口，如图 1-8 所示，选择单张或多张系统内置图片。

（3）如果选择了多张图片作为桌面背景，图片会定时自动切换。可以在"更改图片时间间隔"下拉列表框中设置切换间隔时间，也可以选择"无序播放"选项实现图片随机播放，还可以通过"图片位置"选项设置图片显示效果。

（4）单击"保存修改"按钮完成操作。

3）桌面小工具的使用

Windows 7 提供了时钟、天气、日历等一些实用的小工具。

（1）右击桌面空白处，在弹出的快捷菜单中选择"小工具"命令，打开"小工具"窗口。

（2）直接将要使用的小工具拖动到桌面即可，如图 1-9 所示。

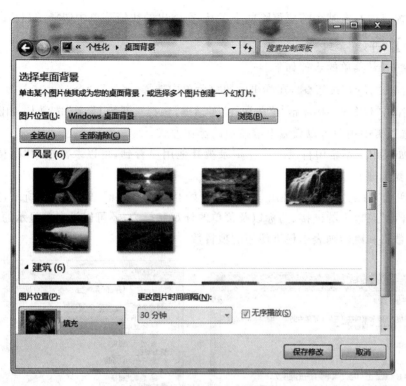

图 1-8　设置桌面背景

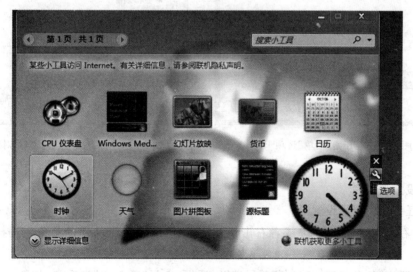

图 1-9　Windows 7 桌面小工具

提示：Windows 7 一共内置了 10 个小工具，用户还可以从微软官方站点下载更多的小工具。

在"小工具"窗口中单击右下角的"联机获取更多小工具"按钮，打开 Windows 7 个性化主页的小工具子页面，可以获取更多的小工具。如果想彻底删除某个小工具，只要在

"小工具"窗口中右击某个需要删除的小工具,在弹出的快捷菜单中选择"卸载"命令即可。

2. 设置"开始"菜单

设置"开始"菜单的步骤如下。

(1) 右击"开始"按钮⚫,在弹出的快捷菜单中选择"属性"命令。

(2) 弹出"任务栏和「开始」菜单属性"对话框,选择"「开始」菜单"选项卡,如图 1-10 所示,在该选项卡中用户可以设置电源按钮的操作方式。

(3) 如果用户不希望自己的操作记录被其他用户看到,可以取消选中"隐私"选项组中的两个复选框。

(4) 单击"自定义"按钮,弹出"自定义「开始」菜单"对话框,如图 1-11 所示,用户可以自定义"开始"菜单上的链接、图标以及菜单的外观和行为,还可以设定要显示的最近打开的程序的数目和跳转列表中最近使用的项目数。

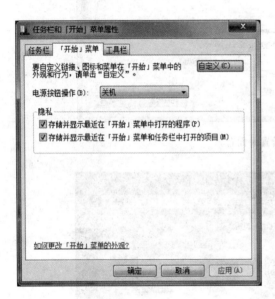
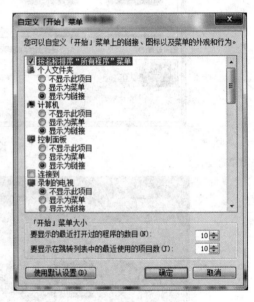

图 1-10　"「开始」菜单"选项卡　　　　　图 1-11　"自定义「开始」菜单"对话框

3. 设置任务栏

1) 任务栏的属性设置

(1) 右击"开始"按钮⚫或者右击任务栏空白处,在弹出的快捷菜单中选择"属性"命令。

(2) 弹出"任务栏和「开始」菜单属性"对话框,选择"任务栏"选项卡,如图 1-12 所示,在该选项卡中用户可以对任务栏进行设置。

(3) 在图 1-12 所示的"任务栏"选项卡中,选中"锁定任务栏"复选框后,任务栏的位置不能再改变;选中"自动隐藏任务栏"复选框后,任务栏不再显示,只有当鼠标指针滑过时才出现。

(4) 通过"屏幕上的任务栏位置"下拉列表框,可以改变任务栏在桌面上的位置。

（5）通过"任务栏按钮"下拉列表框,可以选择相同程序的多个任务图标(如多个Word 文档)在任务栏中是否合并和隐藏等。

（6）用户也可以通过直接拖动任务栏的空白处来调整任务栏的位置,拖动边线可以调整其高度。

2）任务栏上的程序锁定、图标排列

以前的 Windows 版本,常用程序的快捷方式一般集中放置在桌面上。在 Windows 7中,可以将一些常用的程序"锁定"到任务栏的任意位置,以便访问,相当于在任务栏中添加快速启动图标。

无论是"开始"菜单中的程序还是"资源管理器"中的程序,只要右击该程序图标,在弹出的快捷菜单中选择"锁定到任务栏"命令,如图 1-13 所示,即可将该程序锁定到任务栏中。

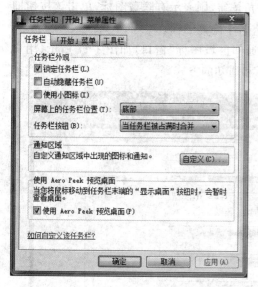

图 1-12　"任务栏"选项卡

图 1-13　将"开始"菜单中的程序锁定到任务栏

也可右击任务栏上已打开的图标,在弹出的快捷菜单中选择"将此程序锁定到任务栏"命令,如图 1-14 所示。

解除"锁定"的方法是右击任务栏上的图标,在弹出的快捷菜单中选择"将此程序从任务栏解锁"命令,如图 1-15 所示。

图 1-14　将已打开的程序锁定

图 1-15　将程序从任务栏解锁

此外,用户可以根据需要重新安排任务栏中各项目的位置,只需拖动鼠标即可。

3) 任务栏通知区域的图标设置

默认情况下,通知区域位于任务栏的右侧,如图 1-16 所示,它包含若干程序图标,这些程序图标提供了有关声音、接收的电子邮件、Windows 自动更新、网络连接等事项的状态和通知。安装新程序时,有时可以将该程序的图标添加到通知区域。

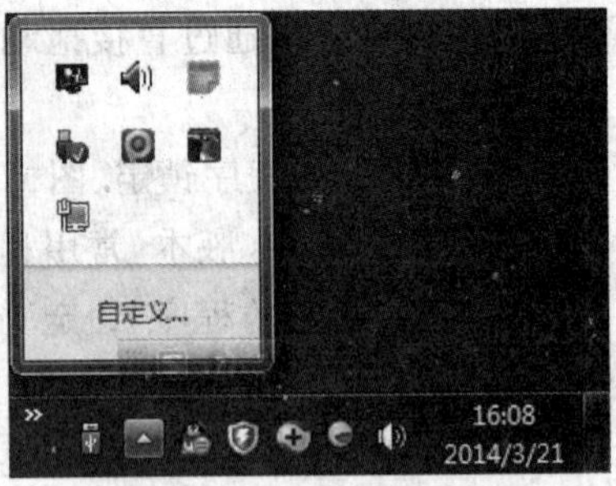

通知区域的图标设置如下。

(1) 排序:拖动通知区域的图标可以实现重新排序。

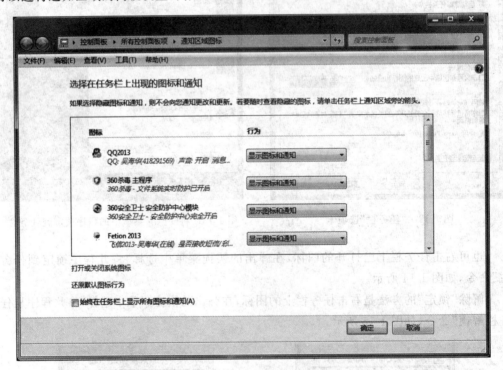

图 1-16　任务栏通知区域

(2) 查看:如果通知区域旁边没有上三角按钮 ,则表示没有任何隐藏图标。如果有上三角按钮,则表示有隐藏图标,单击该按钮即可查看隐藏图标,如图 1-16 所示,通知区域内有若干隐藏图标。

(3) 自定义:选择"自定义"选项,可打开"通知区域图标"窗口,如图 1-17 所示,用户可以进行通知区域的高级设置,例如,显示图标和通知的方式等。

图 1-17　"通知区域图标"窗口

(4) 隐藏:单击通知区域中的图标,然后将其拖动到桌面上即可将图标隐藏。

(5) 恢复显示:单击通知区域左侧的上三角按钮 ,显示隐藏图标,用鼠标拖动任一图标至显示区域,即可恢复显示。

4. 设置鼠标、键盘及汉字输入

1）设置鼠标

（1）依次选择"开始"→"控制面板"→"硬件和声音"→"鼠标"命令，打开如图 1-18 所示的"鼠标 属性"对话框。

（2）在其中可以自定义鼠标设置、双击速度、鼠标指针和移动速度等，例如，习惯用左手操作的用户可选中"切换主要和次要的按钮"复选框。

2）设置键盘及汉字输入

（1）依次选择"开始"→"控制面板"→"时钟、语言和区域"→"更改键盘或其他输入法"命令，打开如图 1-19 所示的对话框，选择"格式"选项卡，在其中可以更改 Windows 显示日期、时间的格式。

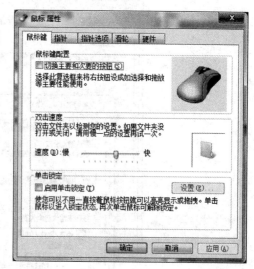

图 1-18　"鼠标 属性"对话框

（2）选择"键盘和语言"选项卡，单击"更改键盘"按钮，打开如图 1-20 所示的"文本服务和输入语言"对话框，在其中可以选择默认输入语言、添加/删除输入语言操作。

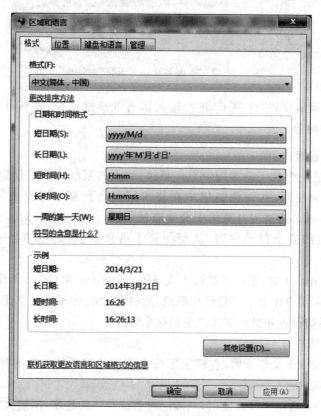

图 1-19　"区域和语言"对话框

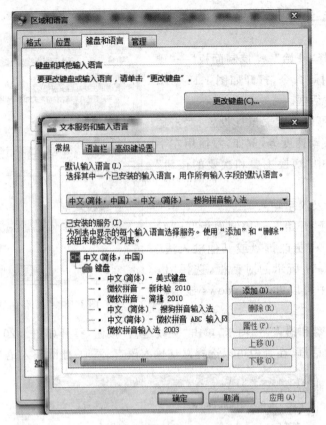

图 1-20   "文本服务和输入语言"对话框

（3）选择"高级键设置"选项卡，进行输入语言的热键设置，如不同输入法的切换按键、中英文转换按键等。

5．用户账户管理

Windows 7 是一个真正的多用户操作系统，它允许系统管理员设定多个用户，并赋予每个用户不同的权限，从而使各用户在使用同一台计算机时完全可以做到互不干扰。此外，Windows 7 通过对计算机安全策略的设置，保证管理员对其他的账户进行约束，使本地计算机的安全得到保障，从而保证了信息安全，避免访问一些不该访问的信息。

在安装 Windows 7 时，系统会默认生成 Administrator 和 Guest 两个账户，在系统安装完成后还会要求用户建立一个管理员账户，此时建立的管理员账户拥有所有账户中的最高权限，许多系统设置和操作都需要用到这个账户。

1）创建用户账户

用户账户就像一个身份证明，它确定了每个使用计算机的用户的身份。Windows 7 提供了以下三类账户。

（1）标准账户：适用于日常使用，只能运行系统允许的程序，不能执行管理任务。

（2）管理员账户：可以对计算机进行最高级别的控制，但只在必要时才使用。

（3）来宾账户：主要针对需要临时使用计算机的用户。

在使用计算机前用户需要创建一个用户账户。具体操作步骤如下。

（1）依次选择"开始"→"控制面板"→"用户账户和家庭安全"→"用户账户"→"管理其他账户"命令，出现"管理账户"窗口，如图 1-21 所示。

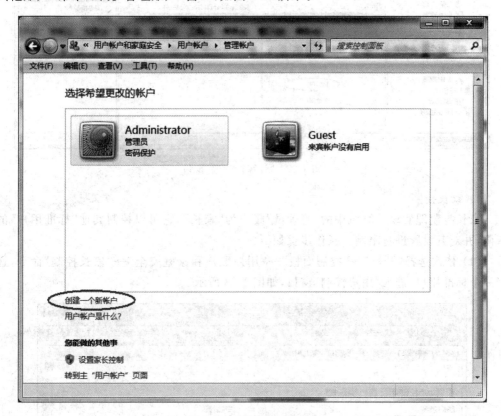

图 1-21　"管理账户"窗口

（2）单击"创建一个新账户"超链接，输入用户名即可，建议创建标准账户。

提示：当使用标准账户登录到 Windows 7 时，可以执行管理员账户下的几乎所有操作，但是如果要执行影响该计算机其他用户的操作（如安装软件或更改安全设置），则 Windows 7 可能要求提供管理员账户的密码。

2）更改用户账户

进入"管理账户"窗口后，单击要更改的用户，在弹出的窗口中可对用户名、用户类型、密码等进行修改，也可以删除用户。

3）禁止和启用用户账户

（1）依次选择"开始"→"控制面板"→"系统和安全"→"管理工具"→"计算机管理"→"本地用户和组"→"用户"命令，打开"计算机管理"窗口，如图 1-22 所示。

（2）右击需要禁止的用户，在弹出的快捷菜单中选择"属性"命令，在弹出的对话框中选中"账户已禁用"复选框，否则账户被启用。

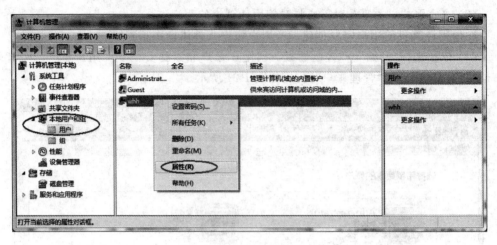

图 1-22 "计算机管理"窗口

4）家长控制

家长控制即假设计算机中的"管理员"账户为"家长"，它可以控制其他"标准用户"的权限，并对其设置进行限制。操作步骤如下。

（1）依次选择"开始"→"控制面板"→"用户账户和家庭安全"→"家长控制"命令，选择一个标准用户，进入"用户控制"窗口，如图 1-23 所示。

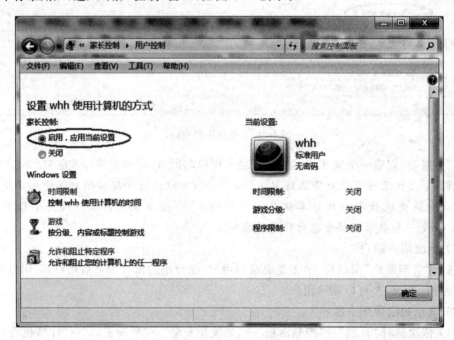

图 1-23 "用户控制"窗口

（2）设置限制标准用户使用计算机的时间、可以玩的游戏以及可以运行的程序后，选中"启用，应用当前设置"单选按钮，然后单击"确定"按钮。

提示：开启家长控制后，管理员用户必须设置密码，否则家长控制不起作用。

任务 3：管理文件和文件夹

在计算机系统中，所有的数据和信息都是以文件的形式来存储、管理和使用的，包括系统程序、应用程序、文档、图片、声音和视频等。

1. 资源管理器

资源管理器是 Windows 系统提供的资源管理工具，用户可以使用它查看计算机中的所有资源，特别是它提供的树状文件系统结构，能够让使用者更清楚、更直观地认识计算机中的文件和文件夹。Windows 7 资源管理器以新界面、新功能带给用户新体验。

右击"开始"菜单，在弹出的快捷菜单中选择"打开 Windows 资源管理器"命令，Windows 7 资源管理器窗口如图 1-24 所示，它主要由工具栏、地址栏、搜索栏、导航窗格、工作区、细节窗格和状态栏等组成。

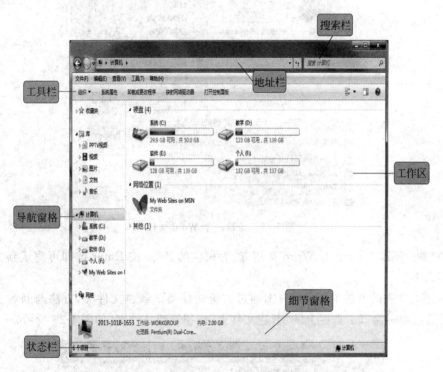

图 1-24　"Windows 7 资源管理器"窗口

(1) 地址栏：Windows 7 资源管理器地址栏使用级联按钮取代传统的纯文本方式，它将不同层级路径由不同按钮分割，用户通过单击按钮即可实现目录跳转。

(2) 搜索栏：Windows 7 资源管理器将检索功能移植到顶部（右上方），方便用户使用。

(3) 导航窗格：Windows 7 资源管理器内提供了"收藏夹""库""计算机"和"网络"等图标链接，用户可以使用这些链接快速跳转到目的节点。

(4) 细节窗格：Windows 7 资源管理器提供更加丰富详细的文件信息，用户还可以直接在"细节窗格"中修改文件属性并添加标记。

2. 新建、复制、移动文件(夹)

1) 新建文件(夹)

新建文件的方法主要有两种:①通过右键快捷菜单新建文件;②在应用程序中新建文件。

通过右键快捷菜单新建文件的步骤如下。

(1) 在需要新建文件的窗口空白处右击,在弹出的快捷菜单中选择"新建"→"Microsoft Word 文档"命令。

(2) 此时窗口中将自动新建一个名为"新建 Microsoft Word 文档"的文件,如图 1-25 所示。

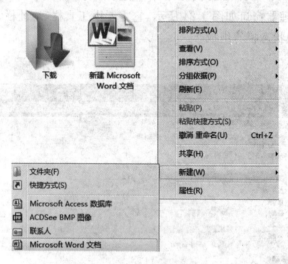

图 1-25   新建一个 Word 文档

(3) 将"新建 Microsoft Word 文档"改为相应的名称,按 Enter 键即可完成新文件的创建和命名。

新建文件夹的方法也有两种:①通过右键快捷菜单新建文件夹,方法与新建文件相似;②通过单击窗口工具栏上的"新建文件夹"按钮新建文件夹,如图 1-26 所示。

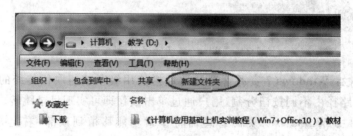

图 1-26   新建文件夹

2) 复制文件(夹)

在日常操作中,经常需要对一些重要的文件(夹)备份,即在不删除原文件(夹)的情况下,创建与原文件(夹)相同的副本,这就是文件(夹)的复制。

复制文件(夹)的方法主要有 4 种。

(1) 右击需要复制的文件或文件夹,在弹出的快捷菜单中选择"复制"命令,进入建立副本的文件夹,再次右击,在弹出的快捷菜单中选择"粘贴"命令即可完成文件(夹)的复制,如图 1-27 所示。

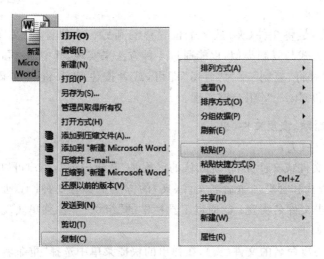

图 1-27　通过鼠标右键实现文件(夹)的复制

(2) 通过"工具栏"上的"组织"下拉菜单实现文件(夹)的复制,如图 1-28 所示。

图 1-28　"组织"下拉列表实现文件(夹)的复制

(3) 按住 Ctrl 键,选择需要复制的文件(夹)后按住鼠标左键,拖动文件(夹)到目标位置后松开 Ctrl 键及鼠标左键即可。

(4) 通过组合键实现复制,选中需要复制的文件(夹),按 Ctrl+C 组合键复制,进入目标位置,按 Ctrl+V 组合键可以粘贴文件(夹)。

　　提示：需要选中多个连续的文件（夹）时，可以通过按住鼠标左键后拖动鼠标实现，或者先选中第一个文件（夹），按住 Shift 键，单击最后一个文件（夹）；如果要选中多个不连续文件（夹），可以通过按住 Ctrl 键再逐个单击需要选择的文件（夹）来实现。

　　3）移动文件（夹）

　　移动文件（夹）是将文件（夹）从一个位置移动到另一个位置，原文件（夹）则被删除。移动文件（夹）的方式与复制类似，也能通过 4 种方法来实现，其中通过鼠标右键快捷菜单或"工具栏"实现时将"复制"改为"剪切"即可，或者按住 Shift 键通过鼠标拖动实现，或者通过 Ctrl＋X 和 Ctrl＋V 组合键实现。

　　3. 重命名、删除、恢复文件（夹）

　　1）重命名文件（夹）

　　对于新建的文件或文件夹，系统默认的名称是"新建……"，用户可以根据需要对其重新命名，以方便查找和管理。重命名文件（夹）的方法主要有 3 种：①通过右键快捷菜单实现；②通过单击文件名实现；③通过工具栏中的"组织"下拉菜单实现。通过右键快捷菜单实现的方法如下。

　　（1）右击需要重命名的文件（夹），在弹出的快捷菜单中选择"重命名"命令，如图 1-29 所示。

图 1-29　重命名文件

　　（2）此时文件名称处于可编辑状态，直接输入新的文件名称，输入完成后在窗口空白区域单击或按 Enter 键即可完成文件（夹）的重命名。

　　2）删除文件（夹）

　　为了节省磁盘空间，可以将一些没有用户的文件（夹）删除。文件（夹）的删除可以分为暂时删除（暂存到回收站）或彻底删除（回收站不存储）两种，具体可以通过 4 种方法删除文件（夹）。

　　（1）通过右键快捷菜单实现，在需要删除的文件（夹）上右击，在弹出的快捷菜单中选择"删除"命令,此时会弹出"删除文件"对话框,如图 1-30 所示,询问"确实要把此文件放入回收站吗?",单击"是"按钮,即可将选中的文件(夹)放入回收站中。

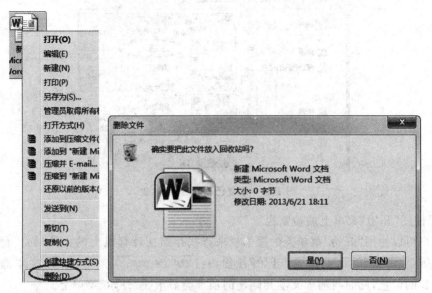

图 1-30　通过鼠标右键删除文件(夹)

(2) 选中要删除的文件(夹),通过工具栏上的"组织"下拉菜单中的"删除"选项实现。

(3) 选中要删除的文件(夹),按 Delete 键,在弹出的对话框中单击"是"按钮也可实现文件(夹)的删除。

(4) 选中要删除的文件(夹),按住鼠标左键将其拖动到桌面上的"回收站"图标上也能实现文件(夹)的删除。

上述 4 种方法都是暂时删除文件(夹),如果要彻底删除文件(夹),在进行上述操作的同时按住 Shift 键即可实现。

在"回收站"窗口中单击"清空回收站"按钮,可以彻底删除回收站中的所有项目。

3) 恢复文件(夹)

有时删除文件(夹)后,发现该文件(夹)还有一些有用的信息,这时就要对其进行恢复操作。此时可以从回收站中将其恢复,具体操作如下。

(1) 双击桌面上的"回收站"图标。

(2) 在"回收站"窗口中选中要恢复的文件(夹),右击,在弹出的快捷菜单中选择"还原"命令,如图 1-31 所示,或者单击工具栏上的"还原此项目"按钮。

提示:如果文件(夹)被彻底删除,通过"回收站"将无法恢复,但通过专门的数据恢复软件(如 FinalData 等)可以实现全部或部分恢复。

4. 查找文件和文件夹

计算机中的文件(夹)会随着时间的推移而日益增多,想从众多文件中找到所需的文件则是一件非常麻烦的事情。为了省时省力,可以使用搜索功能查找文件。Windows 7 操作系统提供了查找文件(夹)的多种方法,在不同的情况下可以使用不同的方法。

图 1-31　恢复已删除的文件(夹)

1) 使用"开始"菜单上的搜索栏

用户可以使用"开始"菜单上的搜索栏来查找存储在计算机上的文件(夹)、程序和电子邮件等,如图 1-32 所示,单击"开始"按钮,在 搜索程序和文件 🔍 文本框中输入想要查找的信息,此时与输入文本相匹配的项都会显示在"开始"菜单上。

图 1-32　通过"开始"菜单查找文件(夹)

2) 使用文件夹或库中的搜索框

通常用户可能知道所要查找的文件(夹)位于某个特定的文件夹或库中,此时可使用"搜索"文本框搜索。"搜索"文本框位于每个文件夹或库窗口的顶部,它根据输入的文本查找相关的文件(夹)。

在文件夹中搜索文件的过程如图 1-33 所示,打开相应文件夹,在顶部的"搜索"文本框中输入要查找的文件名称(或文件名称中的部分文字),按 Enter 键,系统将自动查找出该文件夹名称中包含相应字段的所有文件或文件夹。

图 1-33　使用文件夹中的搜索栏查找文件

3) 查看文件的扩展名

查看文件的类型或者查看文件扩展名的操作步骤如下。

(1) 打开文件夹,在菜单栏上选择"工具"→"文件夹选项"命令,如图 1-34 所示。

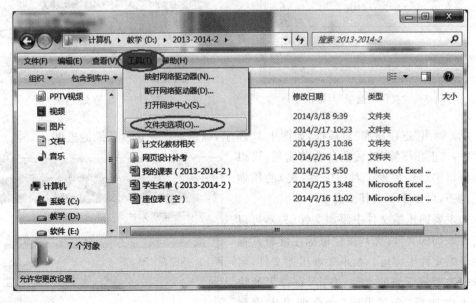

图 1-34　"文件夹选项"命令

(2) 打开"文件夹选项"对话框,选择"查看"选项卡,如图 1-35 所示。

(3) 在"高级设置"区域内下拉滚动条至最下方,取消选中"隐藏已知文件类型的扩展名"复选框。

（4）回到原来的文件夹视图，可以发现文件名称后面都加上了以"."开头的扩展名。

5. 压缩、解压缩文件(夹)

为了节省磁盘空间，用户可以对一些文件(夹)进行压缩，压缩文件占据的存储空间较少，而且压缩后可以更快速地传输到其他计算机上，以实现不同用户之间的共享。与Windows Vista 一样，Windows 7 操作系统也内置了压缩文件程序，用户无须借助第三方压缩软件(如 WinRAR 等)，就可以实现对文件(夹)的压缩和解压缩。

压缩文件(夹)的操作步骤如下。

（1）选中要压缩的文件(夹)，在弹出的快捷菜单中选择"发送到"→"压缩(zipped)文件夹"命令，如图 1-36 所示。

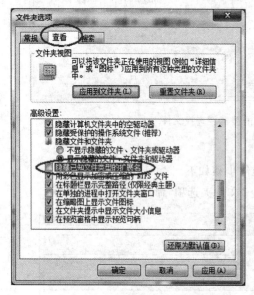

图 1-35　"文件夹选项"对话框

图 1-36　压缩文件(夹)

（2）弹出"正在压缩"对话框，如图 1-37 所示，绿色进度条显示压缩的进度。

（3）"正在压缩"对话框自动关闭后，可以看到窗口中已经出现了对应文件(夹)的压缩文件(夹)，可以重新对其命名。

如果要向压缩文件中添加文件(夹)，可以选中要添加的文件(夹)，按住鼠标左键将其拖动到压缩文件中即可。如果要解压缩文件，可以选中需要解压缩的文件，右击，在弹出的快捷菜单中选择"全部提取"命令即可实现解压缩。

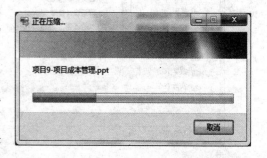

图 1-37　"正在压缩"进度条

提示：利用 WinRAR 等第三方压缩软件压缩文件(夹)操作与系统内置压缩软件操作类似。

6. 隐藏文件和文件夹

用户如果想隐藏文件(夹),需要将想要隐藏的文件或文件夹设置为隐藏属性,然后对文件夹选项进行相应的设置。

1) 设置文件(夹)的隐藏属性

(1) 在需要隐藏的文件(夹)上右击,在弹出的快捷菜单中选择"属性"命令。

(2) 在弹出的文件(夹)属性对话框中,选中"隐藏"复选框,如图 1-38 所示。

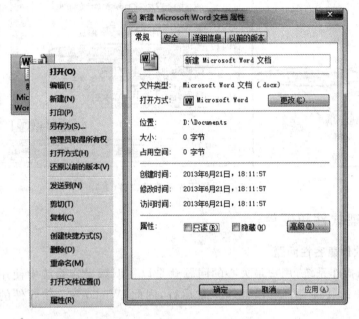

图 1-38　设置文件(夹)隐藏属性

(3) 单击"确定"按钮,选中"将更改应用于此文件夹、子文件夹和文件"单选按钮,即可完成对所选文件夹的隐藏属性设置。

2) 在文件夹选项中设置不显示隐藏文件

如果在文件夹选项中设置了显示隐藏文件,那么隐藏的文件将会以半透明状态显示。此时还是可以看到文件(夹),不能起到保护的作用,所以要在文件夹选项中设置不显示隐藏文件。具体步骤如下。

(1) 选择文件夹窗口工具栏中的"组织"→"文件夹和搜索选项"命令,如图 1-39 所示,或者如图 1-34 所示,通过菜单栏上的"工具"→"文件夹选项"命令打开。

(2) 弹出"文件夹选项"对话框,切换到"查看"选项卡。

(3) 在"高级设置"列表框中选中"不显示隐藏的文件、文件夹和驱动器"单选按钮。

(4) 单击"确定"按钮,即可将设置为隐藏属性的文件(夹)隐藏起来。

如果要取消某个文件的隐藏属性,其操作正好与设置隐藏属性相反。

(1) 在"文件夹选项"对话框中设置显示所有文件。

(2) 选中需要取消隐藏属性的文件(夹),右击,在属性中取消选中"隐藏"复选框即可。

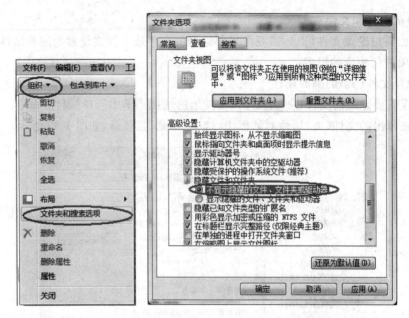

图 1-39　设置不显示隐藏文件(夹)

任务 4：管理软件和硬件

1. 解决软件兼容性问题

面对新的操作系统,用户最关心的问题就是以往旧版操作系统中使用的应用程序以及计算机中的硬件是否可以继续正常运行,因此,Windows 7 软硬件的兼容性非常重要。

如果用户安装和使用的应用程序是针对 Windows 7 以前的版本开发的,为避免直接使用出现不兼容问题,需要选择兼容模式,可以通过手动和自动两种方式解决兼容性问题,如果用户对目标应用程序不甚了解,则可以让 Windows 7 自动选择合适的兼容模式来运行程序,具体操作如下。

(1) 右击应用程序或其快捷方式图标,在弹出的快捷菜单中选择"兼容性疑难解答"命令,打开"程序兼容性"向导对话框,如图 1-40 所示。

(2) 在"程序兼容性"向导对话框中,单击"尝试建议的设置"命令,系统会根据程序自动提供一种兼容性模式让用户尝试运行;单击"启动程序"按钮来测试目标程序是否能正常运行。

(3) 完成测试后,单击"下一步"按钮,在"程序兼容性"向导对话框中,如果程序已经正常运行,则单击"是,为此程序保存这些设置"命令,否则单击"否,使用其他设置再试一次"命令。

(4) 若系统自动选择的兼容性设置能保证目标程序正常运行,则在"测试程序的兼容性设置"对话框中单击"启动程序"按钮,检查程序是否正常运行。

提示：如果兼容模式无法解决问题,可以尝试使用 Windows 7 中的"Windows XP 模式"来运行程序。

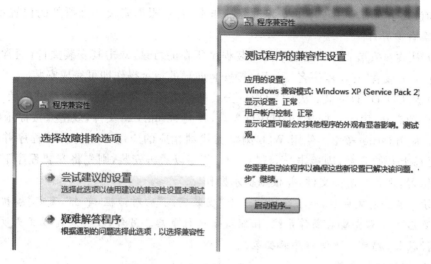

图 1-40　程序兼容性疑难解答向导

2．程序管理

程序是计算机为了完成某一个任务所必须执行的一系列指令集合，程序通常以文件的形式保存在计算机的外存上。除了操作系统本身的程序以外，读者应该了解其他应用程序的启动、运行和退出的方法。

1）应用程序的启动和退出

启动应用程序的方法至少有以下 4 种。

（1）双击桌面上的应用程序图标。

（2）单击"开始"按钮，在"开始"菜单中找到需要的应用程序名称并单击它。

（3）依次选择"开始"→"所有程序"→"附件"→"运行"命令，在弹出的"运行"对话框中输入要启动的应用程序全名，或单击"浏览"按钮，在磁盘中找到应用程序，再单击"打开"按钮。

（4）在"开始"菜单的搜索栏中输入需要的应用程序名，然后在搜索结果中找到相应的应用程序并单击。

退出应用程序的方法通常有以下 6 种。

（1）单击应用程序窗口右上角的关闭按钮 ![X] 。

（2）在应用程序窗口的菜单栏中选择"文件"→"退出"命令。

（3）按 Alt＋F4 组合键。

（4）双击窗口标题栏的控制菜单按钮，或右击该按钮，在弹出的快捷菜单中选择"关闭"命令。

（5）右击任务栏的应用程序图标，在弹出的快捷菜单中选择"关闭窗口"命令。

（6）当应用程序无法响应时，可以打开任务管理器，在"应用程序"选项卡中选择该应用程序后，单击"结束任务"按钮。

2) 应用程序的安装

目前,几乎所有应用程序的安装过程都非常相似,根据安装文件所处的位置不同,安装过程略有差异。

(1) 从硬盘安装:打开磁盘中的安装程序所在的目录,双击其安装文件(通常文件名为 setup.exe 或者"安装程序名.exe"),按安装向导的指示操作即可完成安装。

(2) 从 CD/DVD 安装:从 CD/DVD 安装的许多程序会自动启动程序的安装向导,如果没有自动启动,则需要打开 CD/DVD 光盘,找到 setup.exe 文件,双击并按提示操作。

(3) 从 Internet 安装:使用 Web 浏览器找到相应的应用程序的安装程序并单击链接,若要马上开始安装,则单击"运行"按钮;若要以后再安装,则先将安装程序下载至硬盘指定位置,之后双击该文件,并根据提示操作。

提示:当安装完成后,一般会出现一个"安装完成"的对话框,单击"确定"按钮。有的程序安装后可能需要重启操作系统,按照提示进行重启。另外,在安装过程任意步骤中单击"取消"按钮,都可以取消程序的安装。

3) 应用程序的卸载

应用程序的卸载有以下两种方法。

(1) 使用应用程序自带的卸载程序。双击要卸载程序的名称,按照提示操作。

(2) 使用"控制面板"中的"卸载程序"命令。依次选择"开始"→"控制面板"→"程序和功能"→"卸载程序"命令,打开"程序和功能"窗口,如图 1-41 所示。在该窗口中列出了计算机中已经安装的所有程序。双击要卸载的程序,在弹出的提示对话框中单击"是"按钮,可以对其进行卸载。

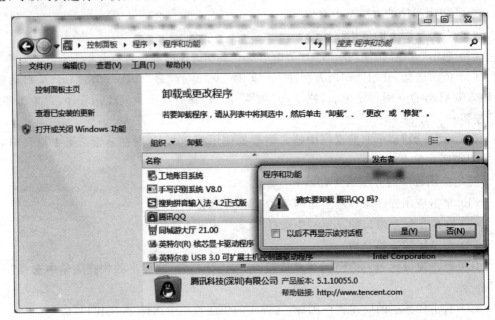

图 1-41　"程序和功能"窗口

3. 任务管理器

任务管理器可以显示计算机上当前正在运行的程序、进程和服务。此外,使用任务管理器还可以监视计算机的性能或者强制关闭没有响应的程序。如果计算机连接到网络,在任务管理器中还可以查看网络的工作状态。

1) 任务管理器的启动

任务管理器的启动有以下 3 种方法。

(1) 按 Ctrl+Shift+Esc 组合键。

(2) 按 Ctrl+Alt+Delete 组合键,在下一步显示的窗口中单击"启动任务管理器"按钮。

(3) 右击任务栏的空白处,在弹出的快捷菜单中选择"启动任务管理器"命令。

2) 任务管理器的操作

(1)"应用程序"选项卡:如图 1-42 所示,在任务管理器的"应用程序"选项卡中显示了当前正在运行的应用程序列表。

① 选定其中一个程序名,若单击"结束任务"按钮,即可结束该程序的运行状态,一般用此方法关闭无法响应的应用程序。

② 若单击"切换至"按钮,可以将该程序窗口设为当前窗口。

③ 若单击"新任务"按钮,在弹出的"创建新任务"对话框中输入应用程序的名称和路径,即可启动新任务。

(2)"进程"选项卡:如图 1-43 所示,在任务管理器的"进程"选项卡中显示了当前正在运行的进程,包括正在运行的应用程序和正在提供服务的系统进程。

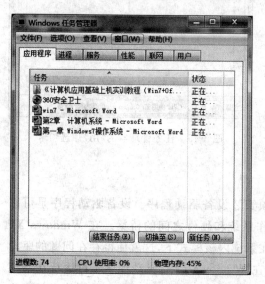

图 1-42 任务管理器的"应用程序"选项卡

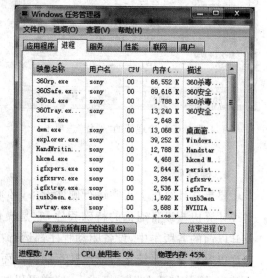

图 1-43 任务管理器的"进程"选项卡

(3)"服务"选项卡:任务管理器的"服务"选项卡可以用来查看当前正在运行的服务。若要查看是否存在与某个服务关联的进程,则右击该服务,在弹出的快捷菜单中选择

"转到进程"命令；若"转到进程"命令显示变暗,则表示该服务当前已停止。

（4）"性能"选项卡：如图 1-44 所示,任务管理器的"性能"选项卡提供了有关计算机如何使用系统资源的详细信息。其中"CPU 使用率"和"CPU 使用记录"两个图表显示当前及最近几分钟内 CPU 的使用情况,如果"CPU 使用记录"图表显示分开,则计算机具有多个 CPU,或者有一个双核的 CPU,或者两者都有"内存"和"物理内存使用记录",两个图表显示正在使用的内存数量(以 MB 为单位)。在任务管理器的底部还列出了正在使用的物理内存的百分比。

（5）"联网"选项卡：任务管理器的"联网"选项卡中显示了本地计算机的网络通信情况,包括网络使用率、线路速度和网络适配器的状态。

（6）"用户"选项卡：如图 1-45 所示,在任务管理器的"用户"选项卡中列出了当前计算机中所有已登录用户的名称列表、标识、状态、客户端名和会话类型。选择菜单栏中的"选项"→"显示账户全名"命令,可以查看登录用户使用的计算机全名。选择登录用户,单击"断开"或"注销"按钮,可以实现对已登录用户的管理和控制。

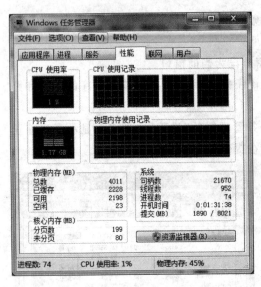

图 1-44　任务管理器的"性能"选项卡

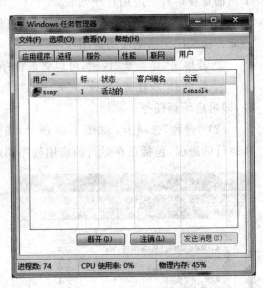

图 1-45　任务管理器的"用户"选项卡

4. 硬件管理

要想在计算机上正常运行硬件设备,必须安装设备驱动程序。设备驱动程序是可以实现计算机与设备通信的特殊程序,它是操作系统和硬件之间的桥梁。在 Windows XP 及其以前的各版本中,设备驱动程序都运行在系统内核模式下,这就使得存在问题的驱动程序很容易导致系统运行故障甚至崩溃。而在 Windows 7 中,驱动程序不再运行在系统内核中,而是加载在用户模式下,这样可以解决由于驱动程序错误而导致的系统运行不稳定问题。

Windows 7 通过"设备与打印机"界面管理所有和计算机连接的硬件设备。与 Windows XP 中各硬件设备以盘符图标形式显示不同,在 Windows 7 中几乎所有硬件设备都是以自身实际外观显示的,便于用户操作。

这里以打印机为例介绍硬件的安装和使用。

1) 添加打印机

第一次使用打印机前需要添加打印机,操作步骤如下。

(1) 将打印机电缆连接到计算机正确的端口上。

(2) 将打印机电源插入电源插座,并打开打印机,这时 Windows 7 将检测即插即用打印机。在很多情况下 Windows 7 不需要做任何操作就可以安装它,如果出现"发现新硬件向导",应选中"自动安装软件(建议)"复选框,并单击"下一步"按钮,然后按指示操作。

2) 打印机共享

如果希望在一个局域网中共享一台打印机,供多个用户联网使用,则可以添加网络打印机。

(1) 选择"开始"→"设备和打印机"命令,进入"设备和打印机"窗口,如图 1-46 所示。

(2) 在"设备和打印机"窗口上方,选择"添加打印机"命令,弹出"添加打印机"界面,在此界面中可添加本地打印机或网络打印机,如图 1-47 所示,选择"添加网络、无线或 Bluetooth 打印机"命令。

图 1-46　"设备和打印机"窗口

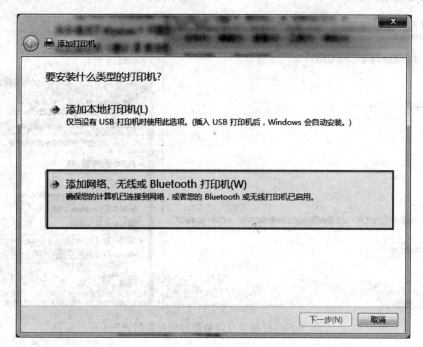

图 1-47　添加网络、无线或 Bluetooth 打印机

（3）系统自动搜索与本机联网的所有打印机设备，并以列表形式显示，如图 1-48 所示。选择所需打印机型号，系统会自动安装该打印机的驱动程序。

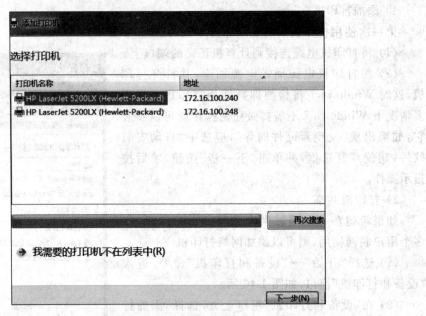

图 1-48　安装网络打印机

（4）系统成功安装打印机驱动程序后，会自动连接并添加网络打印机，如图 1-49 所示。

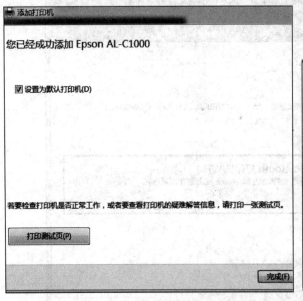

图 1-49　将网络打印机添加到设备列表中

任务 5：配置 Windows 7 的网络

Windows 7 中，几乎所有与网络相关的操作和控制程序都在"网络和共享中心"窗口中，通过简单的可视化操作命令，用户可以轻松连接到网络。

1. 连接到宽带网络（有线网络）

（1）单击"控制面板"→"网络和共享中心"命令，打开"网络和共享中心"窗口，如图 1-50 所示，在"更改网络设置"下单击"设置新的连接或网络"命令。

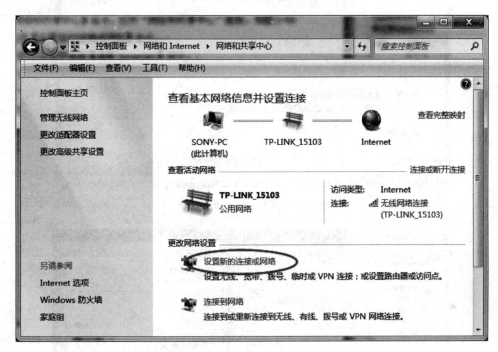

图 1-50　"网络和共享中心"窗口

（2）在打开的对话框中选择"连接到 Internet"选项，在"连接到 Internet"对话框中选择"宽带（PPPoE）（R）"命令。

（3）如图 1-51 所示，在随后弹出的窗口中输入 ISP 提供的"用户名""密码"以及自定义的"连接名称"等信息，单击"连接"按钮。

（4）使用时，只须单击任务栏通知区域的网络图标，选择自建的宽带连接即可。

2. 连接到无线网络

如果安装 Windows 7 系统的计算机装有无线网卡，则可以通过无线网络连接进行上网，具体操作如下。

单击任务栏通知区域的无线网络图标 ，在弹出的"无线网络连接 状态"窗口中双击需要连接的网络，如图 1-52 所示。如果无线网络设有安全加密，则需要输入安全关键字，即密码。

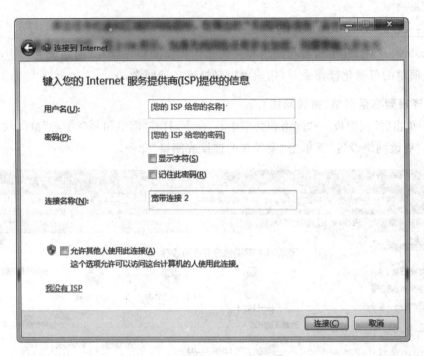

图 1-51　输入 ISP 提供的信息

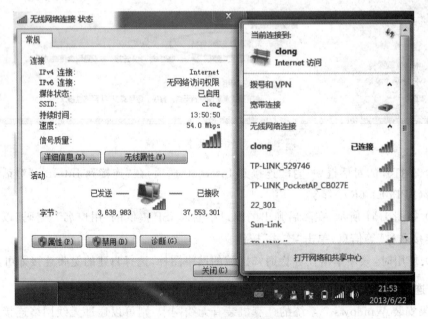

图 1-52　无线网络连接

任务 6：使用 Windows 7 自带的常用工具

在 Windows 7 操作系统中"开始"菜单的"附件"子菜单中有一些实用的小工具，很多都是比较常用的，比如便签、画图、计算器、截图工具等。这些系统自带的工具所占的存储空间很小，功能简单，却常常发挥着很大的作用。下面介绍几个常用的小工具。

1. 便签

计算机中的便签如同它的名字一样,是用来随手记录事项,并一直显示在桌面上的一个程序。

(1)选择"开始"→"便签"命令,或者"开始"→"所有程序"→"附件"→"便签"命令,就可以在桌面右上角新建一个便签,如图 1-53 所示,可以在便签上记录一些事项。

(2)单击 按钮可以新建便签,单击 按钮可以删除便签。

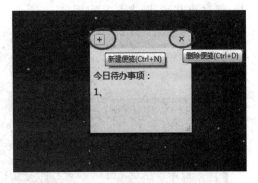

图 1-53 便签

2. 画图

画图是 Windows 7 中的一项常用功能,可用于在空白绘图区域或者在现有图片上创建绘图或修改图片。用户在"画图"窗口中使用的很多工具都可以在功能区中找到,如图 1-54 所示。功能区位于"画图"窗口的顶部。其默认生成的文件的扩展名为.bmp。

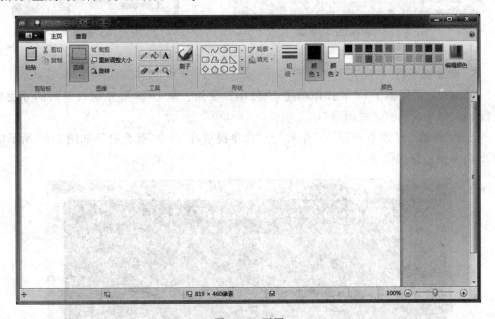

图 1-54 画图

3. 计算器

相对于以前的 Windows 版本,计算器发生了很大的变化。除了具有原来的普通计算器和科学计算器的功能外,还加入了编程和统计功能。此外,Windows 7 的计算器还具备了单位转换、日期计算、贷款和租赁计算等实用功能。

如果要对不同进制的数进行转换,可选择"查看"→"程序员"命令,打开如图 1-55 所示的"程序员"计算器。

4. 截图工具

使用截图工具能捕获全屏幕图片、窗口图片、矩形形状图片、任意形状图片，如图 1-56 所示。系统捕获截图后会自动将其复制到剪贴板和标记窗口中，然后用户可对其添加注释、保存或共享，既方便又实用。

图 1-55 "程序员"计算器

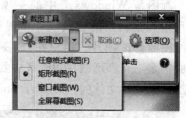

图 1-56 截图工具

5. 命令提示符

Windows 7 保留了 DOS 操作功能，方便用户使用。从 DOS 操作窗口返回的方法是执行 exit 命令或者直接关闭窗口。

选择"开始"→"所有程序"→"附件"→"命令提示符"命令，就会打开如图 1-57 所示的 DOS 命令提示符操作窗口。

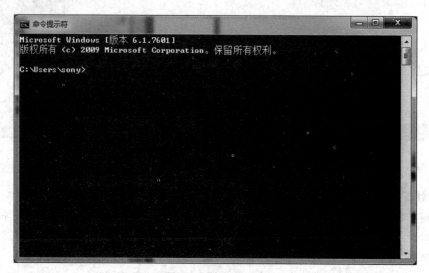

图 1-57 DOS 命令提示符窗口

Word 2010 文字处理软件

Office 2010 是微软公司于 2010 年推出的系列软件,是办公处理软件的代表产品。Office 2010 集成了 Word、Excel、PowerPoint 和 Outlook 等常用办公组件。

使用 Word 2010 可以编辑和打印公文、报告、协议、宣传手册等各种版式的文档,满足不同用户的办公需求。

2.1 项目提出

调入"Word 素材\Word 项目"中的 ed1. rtf 文件,如图 2-1 所示,按下列要求进行操作。

图 2-1 Word 样张(一)

(1) 给文章加标题"汉语言文学",设置其格式为华文彩云、一号字、加粗、标准色-红色,居中对齐,字符间距缩放 150％。

(2) 在第一段的开始处插入特殊符号♀,在最后一段的末尾处插入日期,格式为"××××年××月××日星期×",在第一段的"汉语言文学"后面插入 Chinese linguistics ＆ Literature 脚注。

(3) 将正文中所有的"汉语言文学"设置为红色、加着重号。

(4) 为正文最后一段文字设置首字下沉两行,其他段落首行缩进两个字符,段落行距设置为固定值 20 磅。

(5) 参考样张,给正文中加粗显示的 3 个段落添加红色圆形项目符号。

(6) 参考样张,为文章设置 3 磅红色页面边框,第一段设置 1.5 磅蓝色带阴影边框,填充黄色底纹。

(7) 参考样张,在正文适当位置插入艺术字"汉语言文学",采用第 2 行第 2 列样式,并设置艺术字四周型环绕方式。

(8) 参考样张,在正文适当位置插入图片"汉语言文学.jpg",设置图片高度、宽度缩放比例均为 70％,环绕方式为四周型。

(9) 参考样张,在正文适当位置插入自选图形"椭圆形标注",添加文字"汉语言文学的调查",字号为三号字,设置该形状的填充色为黄色、紧密型环绕方式、右对齐。

(10) 设置页面的上、下、左、右、页边距都为 2 厘米,并设置该文档页面每页 44 行,每行 48 个字。

(11) 设置奇数页页眉为"汉语言",偶数页页眉为"文学",页脚显示当前页码,均居中显示。

(12) 参考样张,将文章的第 7 段文字复制到最后一段文字的末尾,并把这一段分为等宽的两栏,加分割线。

(13) 参考样张,在文字最后一段适当位置插入横排文本框,并输入文字"您对汉语言文学了解了多少?"。

(14) 将编辑好的文章存放于 Word 项目中。

2.2　知识目标

(1) 掌握 Word 2010 的打开、新建、关闭和保存的方法。

(2) 掌握文本的输入、修改,文本及段落格式的设置方法。

(3) 掌握插入形状、图片、文本框及艺术字的使用方法。

(4) 掌握页面设置、修饰,页眉、页脚的设置方法。

(5) 掌握图文混排的方法。

2.3　项目实施

任务 1：Word 2010 基础

1．Word 2010 启动和退出

启动 Word 2010 的方法有多种，常用的启动方法有以下两种。

（1）通过 Windows"开始"菜单，如图 2-2 所示。

① 选择"开始"菜单中的"所有程序"命令。

② 选择 Microsoft Office 命令。

③ 选择 Microsoft Word 2010 命令，启动 Word 程序。

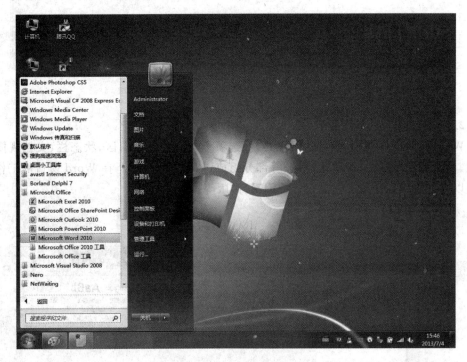

图 2-2　Word 2010 的启动

（2）如果安装 Office 2010 时在桌面创建有应用程序图标，可以双击桌面的 Word 图标 来启动 Word。

通过这两种方式打开 Word 后，会自动创建一个名为"文档 1"的空白 Word 文档，如图 2-3 所示。

Word 2010 的退出方式有以下 3 种。

（1）选择"文件"→"退出"命令。

（2）单击 Word 文档窗口右上角的 按钮。

（3）按 Alt＋F4 组合键。

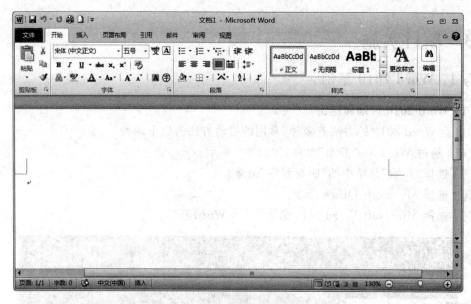

图 2-3　空白 Word 文档

2. Word 2010 工作界面

Word 窗口由标题栏、快速访问工具栏、选项卡、功能区、编辑区、状态栏、文档视图工具栏、显示比例控制栏、滚动条、标尺等部分组成，如图 2-4 所示。在 Word 窗口的工作区中可以对创建或打开的文档进行各种编辑、排版等操作。

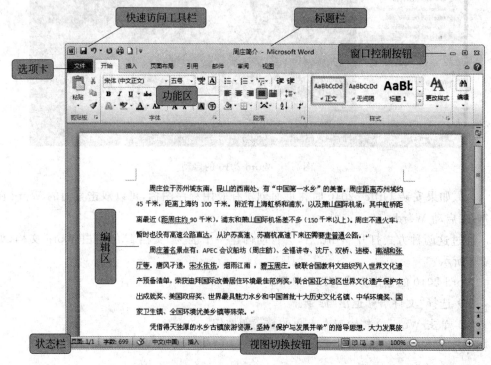

图 2-4　Word 2010 窗口及其组成

1）标题栏

标题栏位于窗口最上方,显示正在编辑的文档名称及应用程序名称,标题栏上有快速访问工具栏和窗口控制按钮。

2）选项卡

为了便于浏览,功能区中设置了多个围绕特定方案或对象组织的选项卡。在每个选项卡中,都将通过组把一个任务分解为多个子任务,来完成对文档的编辑。

常用的选项卡有"文件""开始""插入""页面布局""引用""邮件""审阅"和"视图"。

另外,当文档中插入对象时,如表格、形状、图片等,则会在标题栏中添加相应的工具栏及选项卡。例如,在文档中插入图片后,该文档的标题栏中将出现"图片工具|格式"选项卡。

3）"文件"选项卡

位于所有选项卡的最左侧,单击"文件"标签弹出下拉菜单。Word 文档编辑时的基本命令位于此处,如"新建""打开""关闭""另存为"和"打印"。

4）快速访问工具栏

快速访问工具栏位于 Word 2010 工作界面的左上角,由最常用的工具按钮组成。

默认情况下仅包含"保存""撤销"和"恢复"三个按钮。单击快速访问工具栏上的按钮,可以快速实现其相应的功能。用户也可以添加自己的常用命令到快速访问工具栏。如果需要将某个命令添加到快速访问工具栏中,可单击快速访问工具栏右侧的下三角按钮 ,在弹出的下拉菜单中选择需要添加到快速访问工具栏上的命令。

5）功能区

Word 文档编辑时需要用到的命令位于此处。"功能区"是水平区域,就像一条带子,启动 Word 后分布在 Office 软件的顶部,如图 2-5 所示。工作所需的命令将分组在一起,且位于选项卡中,如"开始"和"插入"。通过单击选项卡来切换显示的命令集。

图 2-5　功能区

6）编辑区

编辑区显示正在编辑的文档,可以在其中输入文档内容,并对文档进行编辑操作。该区域用来输入文字、插入图形或图片,以及编辑对象格式等操作。新建的 Word 文档中,编辑区是空白的,仅有一个闪烁的光标(称为插入点)。插入点就是当前编辑的位置,它将随着输入字符位置的改变而改变。

7）状态栏

状态栏显示正在编辑的文档的相关信息。打开文档后,将显示该文档的状态内容,包括当前页数/总页数、文档的字数、校对错误的内容、设置语言、设置改写状态、视图显示方式和调整文档显示比例。

8) 视图切换按钮

可用于更改正在编辑的文档的显示模式以符合用户的要求。

9) 滚动条

可用于调整正在编辑的文档的显示位置。

10) 显示比例控制滑块

可用于更改正在编辑的文档的显示比例设置。拖动"显示比例"中的滑块调整文档的缩放比例,或者单击"缩小"按钮和"放大"按钮,即可调整文档缩放比例。

3. Word 的视图

屏幕上显示文档的方式称为视图,Word 提供了页面视图、阅读版式视图、Web 版式视图、大纲视图和草稿等多种视图模式。不同的视图模式分别从不同的角度、按不同的方式显示文档,并适应不同的工作特点。因此,采用正确的视图模式,将极大地提高工作效率。

选择"视图"选项卡中"文档视图"组中的适当选项,即可完成各种视图间的切换,也可单击状态栏右侧的视图按钮切换视图。

1) 页面视图

页面视图是 Word 中最常见的视图之一,它按照文档的打印效果显示文档。由于页面视图可以更好地显示排版的格式,因此,常用于文本、格式或版面外观修改等操作,如图 2-6 所示。

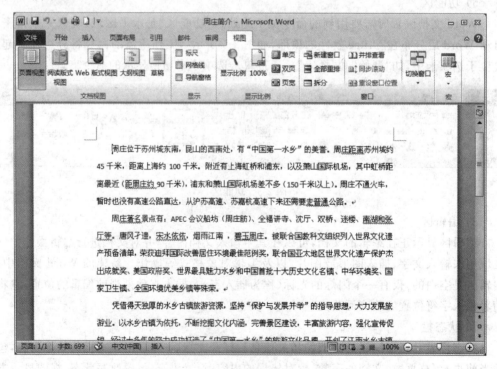

图 2-6　页面视图

在页面视图下,可直接看到文档的外观以及图形、文字、页眉页脚、脚注、尾注在页面上的精确位置以及多栏的排列效果,用户在屏幕上就可以很直观地看到文档打印在纸上的样子。页面视图能够显示出水平标尺和垂直标尺,用户可以用鼠标移动图形、表格等在页面上的位置,并可以对页眉、页脚进行编辑。

2) 阅读版式视图

Word 2010 对阅读版式视图进行了优化设计,以该视图方式来查看文档,可以利用最大的空间来阅读或者批注文档。另外,还可以通过该视图,选择以文档在打印页上的显示效果进行查看。

单击"视图"选项卡"文档视图"组中的"阅读版式视图"按钮,或者单击状态栏内的"阅读版式视图"按钮,即可切换至阅读版式视图。

3) Web 版式视图

Web 版式视图下可以显示页面背景,每行文本的宽度会自动适应文档窗口的大小。该视图与文档存为 Web 页面并在浏览器中打开看到的效果一致。

4) 大纲视图

大纲视图下,除了显示文本、表格和嵌入文本的图片外,还可显示文档的结构。它可以通过拖动标题来移动、复制和重新组织文本;还可以通过折叠文档来查看主要标题,或者展开文档以查看所有标题及正文内容。从而使用户能够轻松地查看整个文档的结构,方便地对文档大纲进行修改,如图 2-7 所示。

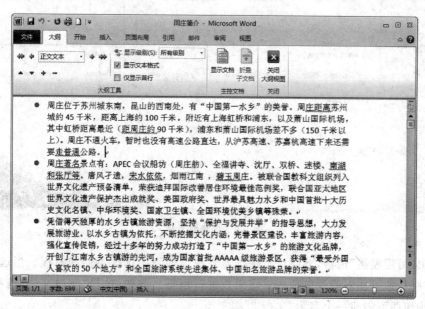

图 2-7　大纲视图

转入大纲视图模式后,系统会自动在文档编辑区上方打开"大纲"选项卡。通过单击该选项卡中的"显示级别"右侧的下拉按钮,可决定文档显示至哪一级别标题。

5) 草稿视图

草稿视图与 Web 版式视图一样,都可以显示页面背景,但不同的是它仅能将文本宽度固定在窗口左侧。

任务 2：Word 的基本操作

1. 创建新文档

创建新文档分为一般创建方法和利用模板创建两种方法。

1）一般创建方法

启动 Word 2010 程序后，将自动创建一个名为"文档 1"的新文档。如果已经启动了 Word 2010 程序，而需要创建另外的新文档，可以选择"文件"→"新建"命令，如图 2-8 所示。

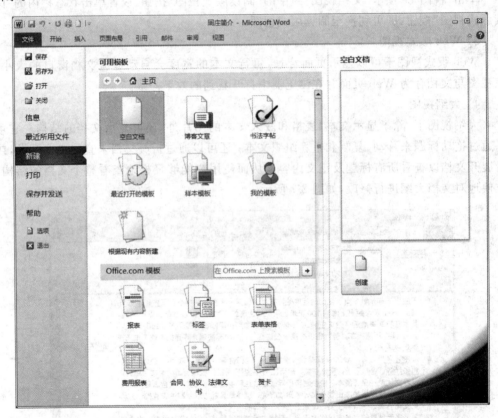

图 2-8　创建新文档

弹出"可用模板"窗格，此时可以根据需要在该列表中选择不同的模板。当选择其中一个选项后，即可在右侧预览框中对该模板进行预览。例如，选择"空白文档"选项，单击"创建"按钮即可创建一个名为"文档 2"的文档。

2）利用模板创建

模板是一种特殊的文档类型，是 Word 2010 预先设置好内容格式及样式的特殊文档。通过模板可以创建具有统一规格、统一框架的文档，如会议议程、小册子、预算或者日历。在"可用模板"列表中包含有两种模板：①Word 自带的模板，如基本报表、黑领结简历等；②需要从 Microsoft Office Online 下载的模板，如名片和日历等。下面通过 Word

自带的模板来创建新文档,操作步骤如下。

(1) 打开 Word 2010 软件,然后选择"文件"→"新建"命令。

(2) 选择"可用模板"窗格中的"样本模板"选项,如图 2-9 所示。

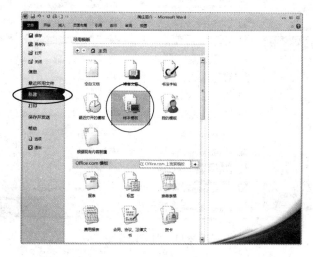

图 2-9 样本模板

(3) 在模板列表框中选择所需的模板,例如,选择"黑领结简历",如图 2-10 所示。

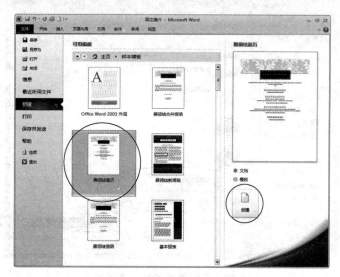

图 2-10 样本模板创建新文档

(4) 单击"创建"按钮即可创建一个套用模板的 Word 文档。

2. 打开文档

如果要编辑 Word 文档,必须先打开它。打开 Word 文档的方法有以下几种。

1) 使用"文件"选项卡中的"打开"命令

(1) 选择"文件"→"打开"命令,如图 2-11 所示。

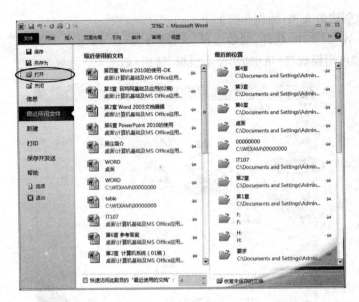

图 2-11 "打开"命令

(2) 在"打开"对话框中,选中要打开的 Word 文档,如图 2-12 所示。

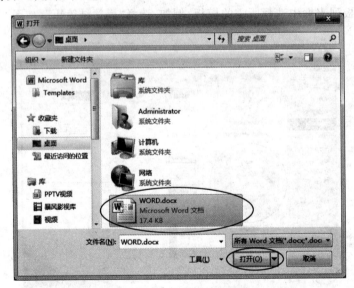

图 2-12 在资源管理器中选择文件

(3) 单击"打开"按钮,所选 Word 文档会被打开。

2) 从资源管理器中打开文档

打开资源管理器,找到 Word 文档,如图 2-13 所示,双击该文件即可。

3) 从"最近所用文件"中打开 Word 文档

(1) 打开 Word 2010 软件,打开"文件"→"最近所用文件"子菜单,如图 2-14 所示。

(2) 从"最近使用的文档"列表中单击要打开的 Word 文档,然后该 Word 文档被打开。

图 2-13　通过资源管理器打开 Word 文档

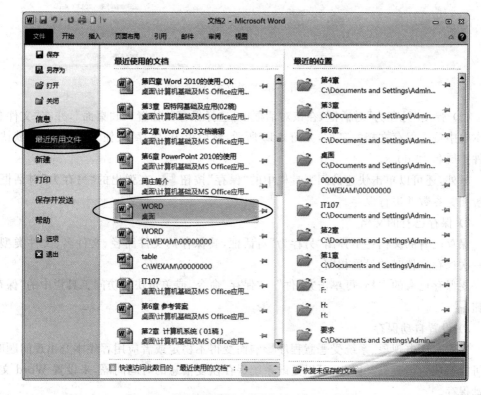

图 2-14　从"最近所用文件"中打开 Word 文档

3. 保存文档

一般情况下,对创建的新文档或者已有的文档进行修改后,需要进行保存。另外,为了防止计算机系统故障引起的数据丢失问题,可以设置间隔时间自动保存。在保存过程中,用户可以根据实际文档的内容选择不同的类型。

1) 保存新建的文档

(1) 选择"文件"→"另存为"命令,如图 2-15 所示。

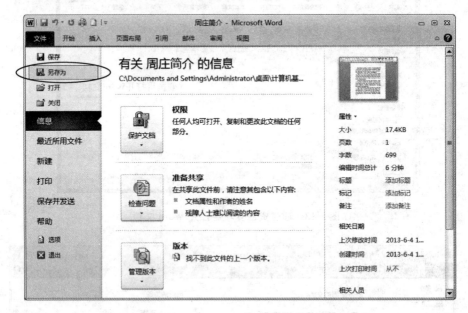

图 2-15 "另存为"命令

(2) 弹出"另存为"对话框,在该对话框中,选择保存的位置,如"桌面",并在"文件名"文本框中输入保存文档的名称,如图 2-16 所示,然后单击"保存"按钮。Word 文档默认的文件扩展名为.docx。

另外,还可以单击快速访问工具栏中的"保存"按钮 ,在弹出的"另存为"对话框中设置相关参数并进行保存。

2) 保存已有的文档

保存已有的文档将不弹出"另存为"对话框,其保存的文件路径、文件名、文件类型与第一次保存文档时的设置相同。

要保存已有的文档,可单击"文件"→"保存"命令,或单击快速访问工具栏中的"保存"按钮 。

3) 设置自动保存

当发生断电现象、系统受恶意程序影响而变得不稳定或者应用程序本身出现问题时,都可能造成数据丢失。因此,可以更改系统保存恢复信息的时间间隔,来设置 Word 文档自动保存。

选择"文件"→"选项"命令,打开"Word 选项"对话框,如图 2-17 所示。

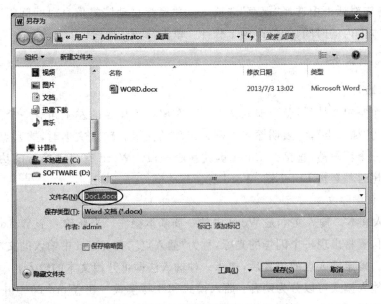

图 2-16　"另存为"对话框保存 Doc1 文档

图 2-17　设置 Word 文档自动保存

然后,在该对话框中选择"保存"选项,选中"保存自动恢复信息时间间隔"复选框,修改其后方文本框内的时间,如修改为 1 分钟。单击"确定"按钮。

任务 3：编辑文档

1. 文本输入

新建一个空白文档后,就可输入文本了。在窗口工作区的左上角有一个闪烁着的黑色竖条┃称为"插入点",它表明输入字符将出现的位置。输入文本时,插入点自动后移,若需要进入一个新段落,直接按 Enter 键就新起一段。Word 有自动换行的功能,当输入到每行的末尾时不必按 Enter 键,Word 就会自动换行。

1) 插入和删除文本

(1) 输入文本。输入文本是 Word 中的一项基本操作。当新建一个 Word 文档后,在文档的开始位置将出现一个闪烁的光标,称为"插入点",在 Word 中输入的文本都会在插入点后出现。确定插入点的位置后,选择一种输入法即可开始文本的输入。

文本的输入模式可以分为两种：插入模式和改写模式。在 Word 2010 中,默认的文本输入模式为插入模式。在插入模式下,用户输入的文本将在插入点的左侧出现,而插入点右侧的文本将依次向后顺延；在改写模式下,用户输入的文本将依次替换输入点右侧的文本。

(2) 删除文本。删除一个字符或汉字的最简单的方法是将插入点移到此字符或汉字的左边,然后按 Delete 键；或者将插入点移到此字符或汉字的右边,然后按 Backspace 键。

删除几行或一大块文本：首先选定要删除的文本,然后按 Delete 键。

如果删除之后想恢复所删除的文本,那么只须单击快速访问工具栏中的"撤销"按钮即可。

2) 移动和复制文本

(1) 用剪贴板移动文本和复制文本。移动文本和复制文本的操作步骤基本相同,下面仅介绍复制文本的操作步骤。要移动文本,只须将以下步骤中的"复制"操作改成"剪切"操作即可。利用 Office 剪贴板复制文本的操作步骤如下。

① 选中要复制的文本内容。

② 选择"开始"选项卡,在"剪贴板"组中单击"复制"按钮,如图 2-18 所示,或者在所选文本上右击,在弹出的快捷菜单中选择"复制"命令。

图 2-18　剪贴板组

③ 移动插入符移至要插入文本的新位置。

④ 选择"开始"选项卡,在"剪贴板"组中单击"粘贴"按钮,或右击,在弹出的快捷菜单中选择"粘贴"命令,可将刚刚复制到剪贴板上的内容粘贴到插入符所在的位置。

重复步骤④的操作,可以在多个地方粘贴同样的文本。

(2) 用鼠标拖动实现移动文本和复制文本。当用户在同一个文档中进行短距离的文本复制或移动时，可使用拖动的方法。由于使用拖动方法复制或移动文本时不使用剪贴板，因此，这种方法要比通过剪贴板交换数据简单一些。用拖动的方法移动或复制文本的操作步骤如下。

① 选择需要移动或复制的文本。

② 将鼠标指针移到选中的文本内容上，鼠标指针变成 形状。

③ 按住鼠标左键拖动文本，如果把选中的内容拖到窗口的顶部或底部，Word 将自动向上或向下滚动文档，将其拖动到合适的位置上后释放鼠标左键，即可将文本移动到新的位置。

④ 如果需要复制文本，在按住 Ctrl 键的同时按住鼠标左键将其拖到合适的位置上后松开鼠标左键，即可复制所选的文本。

3）插入符号

如果需要输入符号，可以切换到“插入”选项卡，在“符号”组内单击“公式”按钮、“符号”按钮或“编号”按钮，可输入特殊编号，运算公式、符号等。也可以单击“符号”组中的“符号”按钮后，执行“其他符号”命令，在弹出的“符号”对话框选择“特殊字符”选项卡，可输入更多的特殊符号。

操作要求：打开“Word 素材\Word 项目”中的 ed1 文档，在第一段的开始处插入特殊符号¤。

打开 ed1 文档，把光标定位在文章第一段开始处。切换到“插入”选项卡，在“符号”组内单击“符号”按钮，如图 2-19 所示，单击“其他符号”按钮，在弹出的“符号”对话框选择¤符号即可，用原文件名保存该文档。

4）插入日期和时间

操作要求：打开“Word 素材\Word 项目”中的 ed1 文档，在最后一段的末尾处插入日期，格式为××××年××月××日星期×。

打开 ed1 文档，把光标定位在文章最后。切换到“插入”选项卡，在“文本”组内单击“日期和时间”按钮，如图 2-20 所示，在弹出的对话框中选中相应的日期格式即可，用原文件名保存该文档。

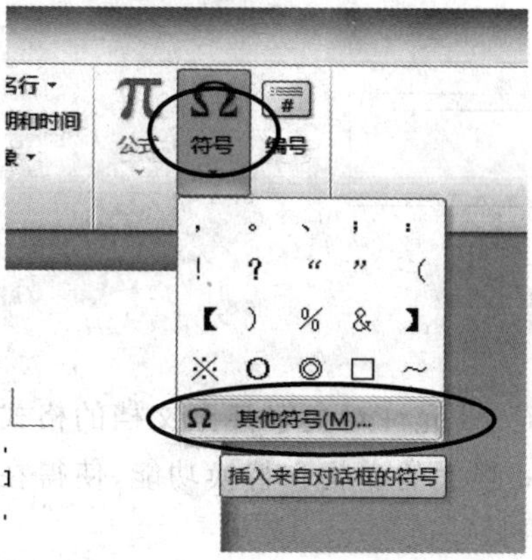

图 2-19　插入特殊符号

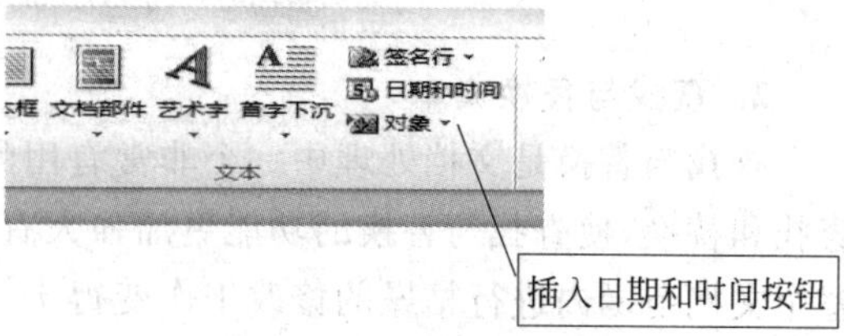

图 2-20　“日期和时间”按钮

5) 插入脚注和尾注

脚注和尾注是对文档中的引用、说明或备注等附加注解。

在编写文章时,常常需要对一些从别人的文章中引用的内容、名词或事件附加注解,这称为脚注或尾注。Word 提供了插入脚注和尾注的功能,可以在指定的文字处插入注释。脚注和尾注都是注释,脚注一般位于页面底端或文字下方。尾注一般位于文档结尾或节的结尾。

① 编辑脚注或尾注：双击某个脚注或尾注的引用标记,可打开脚注或尾注窗格,然后在窗格中对脚注或尾注进行编辑操作。

② 删除脚注或尾注：双击某个脚注或尾注的引用标记,可打开脚注或尾注窗格,然后在窗格中选定脚注或尾注号后按 Delete 键。

操作要求：打开"Word 素材\Word 项目"中的 ed1 文档,在第一段的"汉语言文学"后面插入 Chinese linguistics & Literature 脚注。

(1) 打开 ed1 文件,将插入点定位在第一段的"汉语言文学"文字后面,切换到"引用"选项卡,单击"脚注"组中的"插入脚注"按钮,如图 2-21 所示。

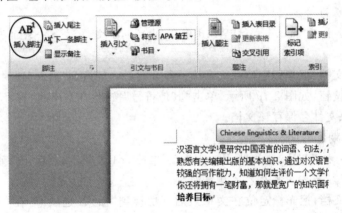

图 2-21 "插入脚注"按钮

(2) 光标会直接跳到第一页的最下面,如图 2-22 所示,然后直接输入脚注内容"Chinese linguistics & Literature"。

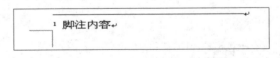

图 2-22 插入脚注内容

2. 查找与替换文本

查找与替换是文档处理中一个非常有用的功能。Word 允许对文字甚至文档的格式查找和替换,使查找与替换的功能更加强大有效。Word 强大的查找和替换功能,使得在整个文档范围内进行枯燥的修改工作变得十分迅速和有效。

操作要求：打开"Word 素材\Word 项目"中的 ed1 文档,将正文中所有的"汉语言文学"设置为红色、加着重号。

（1）打开 ed1 文件，将光标点定位在第一段的开始位置。切换到"开始"选项卡，单击"编辑"组中的"替换"按钮，弹出"查找和替换"对话框，如图 2-23 所示。

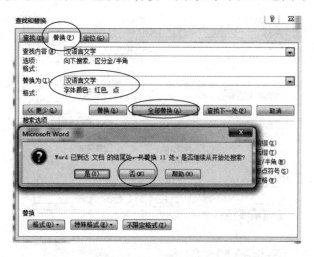

图 2-23　"查找和替换"对话框

（2）在"查找内容"处输入"汉语言文学"字样。

（3）在"替换为"处输入"汉语言文学"字样。

（4）选中"替换为"处的"汉语言文学"，单击"更多"按钮，在弹出的对话框中单击"格式"按钮，设置字体的颜色红色，加着重号，单击"确定"按钮，然后单击"全部替换"按钮。

（5）当出现"Word 已到达文档的结尾处，共替换 11 处。是否继续从开始处搜索？"的提示信息时单击"否"按钮。

（6）单击"取消"按钮，关闭"查找和替换"对话框，用原文件名保存该文档。

任务 4：格式化文本

1．文字格式的设置

设置字符的基本格式是 Word 对文档进行排版美化的最基本操作。其中包括对文本的字体、字号、字形、字体颜色和字体效果等字体属性的设置。

操作要求：打开"Word 素材\Word 项目"中的 ed1 文档，给文章加标题"汉语言文学"，设置其格式为华文彩云、一号字、加粗、红色，字符间距缩放 150%。

（1）打开 ed1 文件，在文章标题处输入标题"汉语言文学"。然后选中标题，切换到"开始"选项卡，单击"字体"组中右下角的按钮，弹出"字体"对话框，如图 2-24 所示。

（2）在对话框中，设置字体格式为华文彩云、一号字、加粗、红色。在"高级"选项卡中设置字符间距缩放 150%，如图 2-25 所示，用原文件名保存该文档。

字号设置决定文字字体的大小。在 Word 中，一般都是用"号"和"磅"两种单位来度量字体的大小。当以"号"为单位时，数值越小、字体越大。当以"磅"为单位时，磅值越小字体越小。一般情况下，字体的磅值是通过测量字体的最底部到最高部来确定的。字号大小的设置同字体的设置方法类似。另外，字体和字号的设置可以在"开始"选项卡下"字体"组中相应按钮快速设置，如图 2-26 所示。

图 2-24　"字体"对话框的"字体"选项卡

图 2-25　"字体"对话框的"高级"选项卡

图 2-26　"字体"组

2. 段落格式的设置

1) 首字下沉效果及行间距

操作要求：打开 ed1 文档，为正文最后一段文字设置首字下沉两行，其他段落首行缩进两个字符，段落行距设置为固定值 20 磅。

（1）打开 ed1 文件，将光标定位在文章最后一段的开始位置，切换到"插入"选项卡，选择"文本"组中的"首字下沉"→"首字下沉选项"命令，如图 2-27 所示。

（2）弹出"首字下沉"对话框，如图 2-28 所示，设置下沉两行，也可以通过该对话框设置首字悬挂。

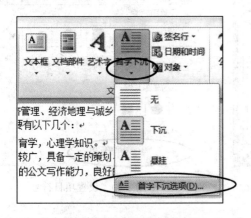

图 2-27 "首字下沉"命令　　　　　　　图 2-28 "首字下沉"对话框

（3）选择除最后一段的其他所有段落，切换到"开始"选项卡，单击"段落"组右下角的 按钮，弹出"段落"对话框。在"段落"对话框中选择"缩进和间距"选项卡，在"特殊格式"选项区域设置首行缩进两字符，在"行距"选项区域设置固定值 20 磅，如图 2-29 所示，用原文件名保存该文档。

2) 项目符号和编号

操作要求：打开 ed1 文档，参考样张，给正文中加粗显示的 3 个段落添加标准色-红色圆形项目符号。

（1）打开 ed1 文件，按住 Ctrl 键，分别选择 3 个加粗的段落文字，然后切换到"开始"选项卡，单击"段落"组中的"项目符号"旁边的 按钮，如图 2-30 所示。

（2）选择"定义新项目符号"命令，弹出"定义新项目符号"对话框，如图 2-31 所示，单击"符号"按钮，在弹出的对话框中选择圆点符号。单击"字体"按钮，在弹出的对话框中选择字体颜色为红色。单击"确定"按钮，用原文件名保存该文档。

若要设置项目编号，首先选中设置项目编号的段落，然后单击"段落"组中相应的项目编号样式即可。

3) 边框和底纹

操作要求：打开 ed1 文档，参考样张，为文章设置 3 磅红色页面边框，第一段设置 1.5 磅蓝色带阴影边框，填充黄色底纹。

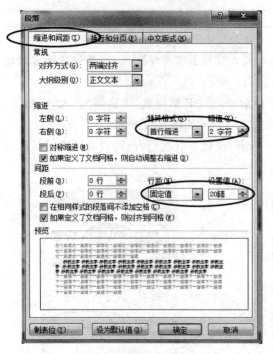

图 2-29　"段落"对话框

图 2-30　设置项目符号

(1) 打开 ed1 文件,选中第一段。切换到"开始"选项卡,单击"段落"组中"下框线"右侧的 ▦▾ 按钮,在弹出的下拉列表中选择所需要的边框线样式,或者直接单击"边框和底纹"命令,如图 2-32 所示。

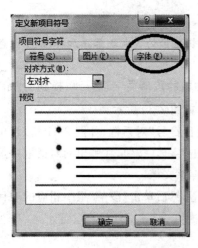

图 2-31　"定义新项目符号"对话框

图 2-32　定义边框和底纹

（2）弹出"边框和底纹"对话框，如图 2-33 所示。选择"边框"中的阴影，然后选择颜色为蓝色，宽度为 1.5 磅。在"页面边框"选项卡中设置颜色为红色，宽度为 3 磅。在"底纹"选项卡中设置填充颜色为黄色。单击"确定"按钮，用原文件名保存该文档。

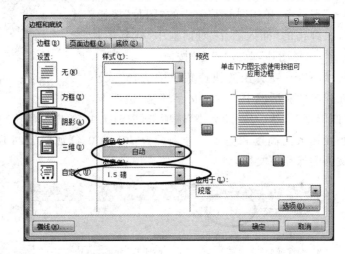

图 2-33　"边框和底纹"对话框

任务 5：图文混排

在 Word 中，可以实现对各种图形对象的绘制、缩放、插入和修改等多种操作，还可以把图形对象与文字结合在一个版面上，实现图文混排，轻松地设计出图文并茂的文档。

1. 插入艺术字

操作要求：打开 ed1 文档，参考样张，为文章加入艺术字"汉语言文学"，采用第 2 行第 2 列样式，并设置艺术字四周型环绕方式。

（1）打开 ed1 文件，切换到"插入"选项卡，单击"文本"组中的"艺术字"按钮，在弹出的下拉列表中选择第 2 行第 2 列样式，如图 2-34 所示。插入艺术字后，菜单栏会多出一个"艺术字工具|格式"选项卡，对艺术字的字体、字形、样式的修改都可以在该选项卡中进行。

（2）在弹出的虚线文本框中输入"汉语言文学"，然后选择该虚线框，右击鼠标，在弹出的快捷菜单中选择"自动换行"→"四周型环绕"命令，艺术字的大小可以通过拖动虚线框进行调整，用原文件名保存该文档。

2. 插入图片和剪贴画

操作要求：打开 ed1 文档，参考样张，在

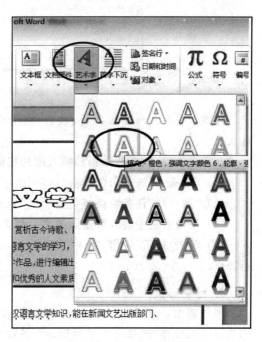

图 2-34　艺术字字形设置

正文适当位置插入图片"汉语言文学.jpg",设置图片高度、宽度缩放比例均为 70%,环绕方式为四周型。

（1）打开 ed1 文件,将光标定位到要插入图片的位置,然后切换到"插入"选项卡,单击"插图"组中的"图片"按钮,如图 2-35 所示,在弹出的"插入图片"对话框中,找到图片"汉语言文学.jpg",选择图片,单击"确定"按钮。

图 2-35　插入图片

（2）选中图片,右击,在弹出的快捷菜单中选择"大小和位置"命令,在弹出的对话框中,选择"文字环绕"选项卡,选择环绕方式"四周型"。然后选择"大小"选项卡,取消选中"锁定纵横比"和"相对原始图片大小"复选框,在缩放的高度和宽度处分别设置 70%、70%,如图 2-36 所示。单击"确定"按钮,用原文件名保存该文档。

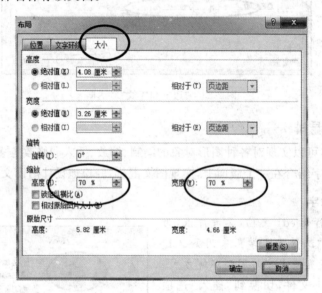

图 2-36　图片设置

注意:若要添加多张图片,按住 Ctrl 的同时单击要插入的图片,然后单击"插入"按钮。

在 Word 中,插入剪贴画和插入图片相同,步骤如下。

（1）在"插入"选项卡中单击"插图"组中的"剪贴画"按钮。

（2）"剪贴画"任务窗格将会显示在 Word 工作区的右边。

（3）在搜索栏中输入剪贴画的文字和类型。

（4）单击"搜索"按钮,如图 2-37 所示,即可找到所需的剪贴画(如环境),读者可以自行操作。

3. 绘制形状

操作要求:打开 ed1 文档,参考样张,在正文适当位置插入"椭圆形标注"形状,并在形状中输入文字"汉语言文学的调查",并设置形状的环绕方式为紧密型,填充色为黄色。

（1）打开 ed1 文件,切换到"插入"选项卡,单击"插图"组中的"形状"按钮,如图 2-38

所示,在弹出的"插入图片"对话框中,找到"标注"中的"椭圆形标注"样式,按住鼠标左键不放,在相应的位置拖出标注图形。

注意:此时菜单栏会多出一个绘图工具"格式"选项卡,可以对形状的样式等进行设置。

(2) 在光标的位置输入文字"汉语言文学的调查"。选中标注图形,右击,在弹出的快捷菜单中选择"自动换行"→"紧密型环绕"命令,如图 2-39 所示。

图 2-37　插入剪贴画

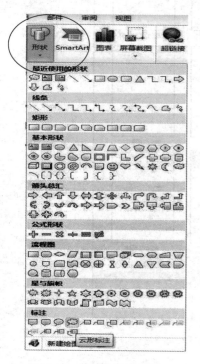

图 2-38　插入绘制形状图

图 2-39　设置环绕方式

（3）选中标注图形，右击，在弹出的快捷菜单中选择"设置形状格式"命令，弹出"设置形状格式"对话框，如图 2-40 所示。

（4）选择"填充"选项卡，选中"纯色填充"单选按钮，在填充颜色处选择黄色，用原文件名保存该文档。

4. 插入文本框

操作要求：打开 ed1 文档，参考样张，在文字最后一段适当位置插入横排文本框，并输入文字"您对汉语言文学了解了多少？"。

（1）打开 ed1 文件，切换到"插入"选项卡，单击"文本"组中的"文本框"下三角按钮，在弹出的下拉列表中选择"绘制文本框"选项，如图 2-41 所示。

图 2-40　"设置形状格式"对话框

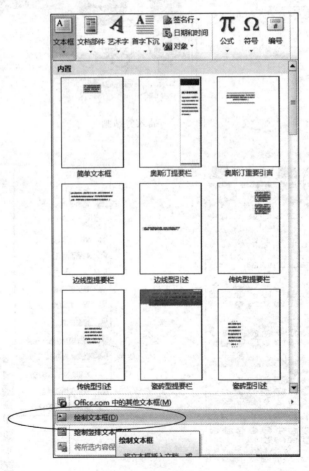

图 2-41　文本框样式

（2）此时鼠标指针变成十字形状，找到合适的位置，按住鼠标左键不放，拖出合适的大小的文本框，然后在文本框中直接输入文字"您对汉语言文学了解了多少?"。

注意：此时功能区会多出一个"绘图工具|格式"选项卡，可以对文本框的样式、形状、方向、大小等进行设置。

任务 6：高级排版

1. 页面设置

操作要求：打开 ed1 文档，设置页面的左、右、上、下页边距都为 2 厘米，页面每页 44 行，每行 48 个字。

（1）打开 ed1 文件，切换到"页面布局"选项卡，单击"页面设置"组右下角的 按钮，弹出"页面设置"对话框，如图 2-42 所示。

（2）在"页面设置"对话框的"页边距"选项卡中设置上、下、左、右页边距为 2 厘米，在"文档网格"选项卡下选中"指定行和字符网格"单选按钮，在字符数中设置每行 48 字，在行数中设置每页 44 行。然后单击"确定"按钮，用原文件名保存该文档。

2. 添加页面修饰

操作要求：打开 ed1 文档，设置奇数页页眉为"汉语言"，偶数页页眉为"文学"，页脚显示当前页码，均居中显示。

（1）打开 ed1 文件，切换到"页面布局"选项卡，单击"页面设置"组右下角的 按钮，弹出"页面设置"对话框，单击"页面设置"对话框的"版式"选项卡，如图 2-43 所示。然后选中"奇偶页不同"复选框，单击"确定"按钮。

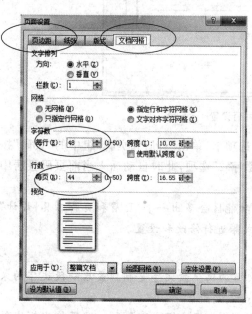

图 2-42　"页面设置"对话框

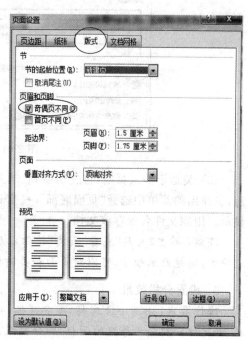

图 2-43　"版式"选项卡

　　(2) 切换到"插入"选项卡,单击"页眉和页脚"组中的"页眉"按钮,再单击下三角按钮,弹出下拉菜单,选择"空白"选项,如图 2-44 所示,此时光标定位到页眉处,在第 1 页输入"汉语言",第 2 页输入"文学"。

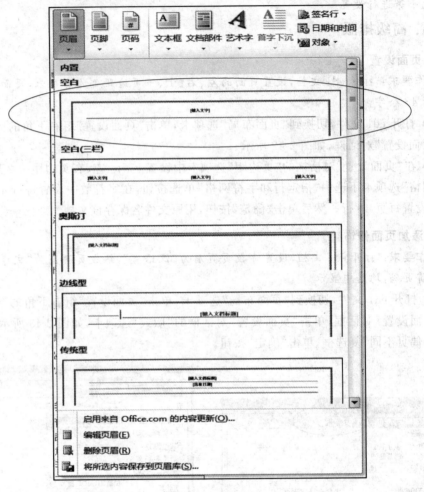

图 2-44　页眉设置

　　(3) 类似于插入页眉,首先切换到"插入"选项卡,单击"页眉和页脚"组中的"页码"按钮,在弹出的菜单中选择"页面底部"→"普通数字 2"选项,此时自动插入当前页码且居中显示。用原文件名保存该文档。

　　注意:单击"页眉"或者"页脚"按钮以后,功能区会多出一个"页眉和页脚工具|设计"选项卡,通过此选项卡,可以对页面和页脚格式等进行修改和设置。

　　3. 设置分栏效果

　　操作要求:打开 ed1 文档,参考样张,将文章的第 7 段文字复制到最后一段文字的末尾,并把这一段分为等宽的两栏,加分割线。

　　(1) 打开 ed1 文件,选择第 7 段文字,按 Ctrl＋C 组合键进行复制。然后将光标定位到文字最后一段后面,按 Ctrl＋V 组合键进行粘贴。选择粘贴的这段文字,在"页面布局"

选项卡中的"页面设置"组中选择"分栏"→"更多分栏"选项,弹出如图 2-45 所示的"分栏"对话框。

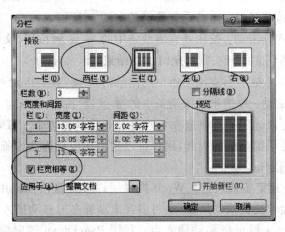

图 2-45　"分栏"对话框

（2）在"预设"选项组中,选择"两栏",选中"分隔线"复选框,单击"确定"按钮。

（3）选择"文件"→"另存为"命令,弹出"另存为"对话框,输入文件名 ed1,设置文件类型为"Word 文档",单击"确定"按钮。

2.4　知识链接

1. 浏览文档

浏览文本是进行文档编辑的一个必要的操作。在编辑文档之前,首先需要对文档进行浏览,找到要编辑的文本并定位到该处。

1）浏览与定位文档

浏览整篇文档最方便的方式是拖动文档编辑窗口右侧滚动条上的滑块。滚动条中包括"向上方移动"按钮 ▲、"向下方移动"按钮 ▼、"前一页"按钮 ⬆、"选择浏览对象"按钮 ⚪ 和"下一页"按钮 ⬇。

快速定位插入点是文档编辑的另一项基础工作。用户一般是通过浏览文档找到所需的位置,然后在该位置单击来定位插入点。此外,用户还可以利用查找和定位方法来定位插入点。Word 不仅能够根据文档内容来查找和定位,还可根据格式（如字体、段落和样式等）和文档元素（如批注、脚注、尾注和图形等）来定位。

（1）使用垂直滚动条快速浏览文档。由于文档窗口只能排列一定行数的文字,一般内容多的文档都不能在一个文档窗口内全部显示出来。用户可以根据需要拖动垂直或水平滚动条来浏览文档。

如果用屏幕滚动的方法从文档的一处移向另一处,插入点不会同时移动。在进行输入、粘贴或其他有修改性的操作前,要重新定位及查看插入点。下面介绍用鼠标进行屏幕滚动来浏览文档的基本操作方法。

① 向上或向下滚动一行：单击垂直滚动条中的 ▲ 或 ▼ 按钮。

② 向上或向下滚动一页：单击垂直滚动条下方的 ± 或 ∓ 按钮。

③ 向上或向下按块滚动：单击垂直滚动条中的 ▤ 按钮。

④ 向上或向下连续滚动：按住垂直滚动条中的 ▲ 或 ▼ 按钮，文档就会连续滚动，直至松开鼠标左键或遇到文件开头或结尾时方能结束。

⑤ 滚动到指定页：拖动垂直滚动条中的滚动滑块 ▤，直到指定页。

⑥ 向左或向右滚动：单击水平滚动条中的 ◀ 或 ▶ 按钮。

拖动滚动滑块可以远距离地快速在文档中上下或左右移动。如果要将滚动滑块拖动到文档的准确位置是很困难的。因此，用户可以把滚动滑块拖动到所选区的附近，再用其他滚动工具进行准确定位。

(2) 利用键盘快速定位插入符。Word 提供了许多键盘快捷键用于定位插入符。在文档中可以使用键盘快捷键滚动屏幕，也可以在滚动屏幕时移动插入符。例如，利用光标定位时：按←、→、↑、↓ 键可以移动插入点；利用 PageDown 键向前翻页、PageUp 键向后翻页；利用 Home 键移至行首、End 键移至行尾；按 Ctrl+Home 组合键移至文档首，按 Ctrl+End 键移至全文档尾。

在使用键盘对文档进行浏览时，可参考表 2-1 进行操作。

表 2-1   使用键盘浏览文档

按　　键	执 行 操 作
←	左移一个字符
→	右移一个字符
Shift+Tab	在表格中左移一个单元格
Tab	在表格中右移一个单元格
↑	上移一行
↓	下移一行
End	移至行尾
Home	移至行首
Alt+Ctrl+PageUp	移至窗口顶端
Alt+Ctrl+PageDown	移至窗口底端
PageUp	上移一屏
PageDown	下移一屏
Ctrl+PageUp	移至上页顶端
Ctrl+PageDown	移至下页顶端
Ctrl+End	移至文章结尾
Ctrl+Home	移至文章开头
Shift+F5	移至上一次修改的地方
Ctrl+A	选定整个文档

2）文本的选择

（1）鼠标拖动选择。使用鼠标拖动的方法选择文本时，应首先把鼠标 I 形指针置于要选定的文本之前或之后，然后按住鼠标左键，向前或向后拖动鼠标，如图 2-46 所示，直到到达要选择的文本末端，松开鼠标左键。

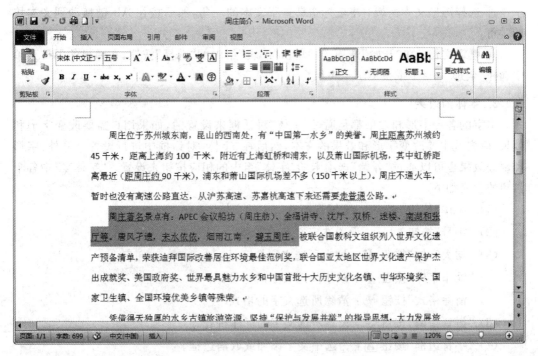

图 2-46　拖动选择文本

用户还可以将鼠标指针定位在文档选择行的左侧（此时鼠标指针呈 ⌐ 形状），然后拖动进行选择，此时可选定若干连续行。

（2）用键盘选择文档。将插入点置于要选定的文本之前，按住 Shift 键，然后按↑、↓键或 PageUp、PageDown 键，则在移动插入点的同时选中文本。

（3）除上述方法外，Word 2010 还提供了一些选择文本的其他方法。

① 一个英文单词或任意两个分隔符之间的一个句子：双击该单词或在两个分隔符之间双击。

② 插入点后面的英文单词：按 Ctrl＋Shift＋→组合键。

③ 一个完整的句子：按住 Ctrl 键，单击句子中的任何位置。

④ 一行中插入点后的文本：将插入点移至相应位置后，按 Shift＋End 组合键。

⑤ 一行中插入点前的文本：将插入点移至相应位置后，按 Shift＋Home 组合键。

⑥ 整行文字：将鼠标指针移到该行的最左边，当鼠标指针变为 ⌐ 形状后单击。

⑦ 连续多行文本：将鼠标指针移到要选择的文本首行最左边，当鼠标指针变为 ⌐ 形状后单击，然后按住鼠标左键，向上或向下拖动，到达所要选择的文本末端时，松开鼠标左键。

⑧ 一个段落：将鼠标指针移到本段任何一行的最左端，当鼠标为 ◢ 形状后，双击；或在该段内的任意位置三击。

⑨ 多个段落：将鼠标指针移到本段任何一行的最左端，当鼠标指针变为 ◢ 形状后，按住鼠标左键向上或向下拖动。

⑩ 选择矩形文本区域：将鼠标指针置于文本的一角，然后按住 Alt 键拖动到文本块的对角。

⑪ 整篇文档：在"开始"选项卡中单击"编辑"组中的"选择"按钮，在弹出的下拉菜单中选择"全选"命令；或按 Ctrl＋A 组合键。

2. 字体的效果

文字的各种字形和效果都是通过"字体"对话框来设置的，如果用户需要改变字形和效果，应先选中要改变字形和效果的文本，然后在"字体"对话框中进行设置。另外，字形和部分效果也可以通过"开始"选项卡的"字体"组中的相应按钮来设置。"字体"组中各个按钮的含义如下。

(1)"字体"按钮 宋体(中文正▾)：设置所选文字的字体。

(2)"字号"按钮 五号 ▾：设置选定文字的字号。

(3)"增大字体"按钮 A⁺：增大所选文字的字号。

(4)"缩小字体"按钮 Aˇ：减小所选文字的字号。

(5)"清除格式"按钮 ⧄：清除所选文字的格式。

(6)"拼音指南"按钮 愛：设置所选文字的标注拼音。

(7)"字符边框"按钮 Ⓐ：为选中文字添加或取消边框。

(8)"加粗"按钮 **B**：为选中文字添加加粗效果。

(9)"倾斜"按钮 *I*：添加或取消选中文字的倾斜效果。

(10)"下划线"按钮 U：添加或取消选中文字的下划线。同样，单击按钮右侧的下三角按钮会弹出下划线类型下拉列表，从中选择一种所需的下划线。此外，用户还可利用该工具的下拉列表设置下划线的颜色。

(11)"删除线"按钮 abc：为选中的文字添加或取消删除线。

(12)"下标"按钮 x₂：在文字的基线下方创建小字符。

(13)"上标"按钮 x²：在文本行的上方创建小字符。

(14)"文本效果"按钮 Ⓐ：对所选文本应用外观效果，如阴影、发光和映像等。

(15)"更改大小写"按钮 Aa：将选中的所有文字改为全部大写、全部小写或其他常见的大小写形式。

(16)"以不同颜色突出显示文本"按钮 ✐：使文字看上去像是用荧光笔作了标记一样。单击右侧的下三角按钮 ▾，可在弹出的列表中设置所需的颜色。

(17)"字体颜色"按钮 **A**：更改文字的颜色。单击右侧的下三角按钮 ▾，可以在弹出的颜色下拉列表中选择颜色。

(18)"字符底纹"按钮 Ａ：对整个行添加底纹背景。

（19）"带圈字符"按钮 ⓩ：在字符周围放置圆圈或边框，以示强调。

3. 段落格式设置

1）段落缩进的设置

段落缩进是指段落相对于左、右页边距向页内缩进一段距离。设置段落缩进可以将一个段落与其他段落分开，或显示出条理更加清晰的段落层次，以方便读者阅读。

（1）使用缩进按钮设置段落的整体缩进。选中要设置缩进的一个或多个段落，单击"开始"选项卡"段落"组中的"减少缩进量"按钮 ⯇ 或"增加缩进量"按钮 ⯈，如图 2-47 所示，单击一次，所选文本段落的所有行就减少或增加一个汉字的缩进量。

图 2-47 "段落"组

（2）使用"段落"对话框调整段落缩进。上面设置缩进的方法都不能精确地确定缩进的位置，如果用户需要精确地设置段落文本缩进量，应先选择"开始"选项卡，单击"段落"组右下角的 ▣ 按钮，弹出"段落"对话框，如图 2-48 所示。在"段落"对话框中选择"缩进和间距"选项卡，在"缩进"选项组中进行设置。

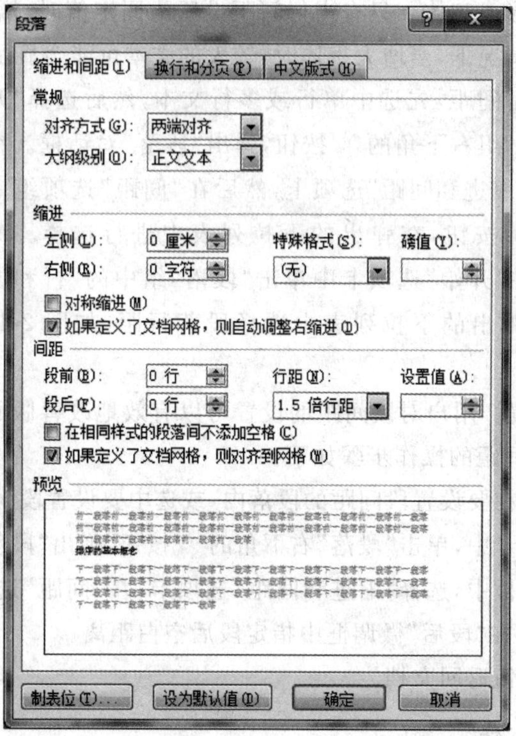

图 2-48 "段落"对话框

"缩进"选项组中各选项的含义如下。

① "左侧"微调框：可以设置段落与左页边的距离。输入一个正值表示向右缩进，输入一个负值表示向左缩进。

② "右侧"微调框：可以设置段落与右页边的距离。输入一个正值表示向左缩进，输

入一个负值表示向右缩进。

　　③ "特殊格式"下拉列表框:可以选择"首行缩进"选项或"悬挂缩进"选项,然后在"磅值"框中确定缩进的具体数值。

　　2) 段落对齐方式的设置

　　在 Word 中,段落对齐包括两端对齐、左对齐、居中对齐、右对齐和分散对齐等对齐方式,在"开始"选项卡的"段落"组中设置了相应的对齐按钮▀ ▀ ▀ ▀ ▀。

　　除了上述设置对齐方式的方法外,用户还可以按以下步骤设置段落的对齐方式:选择"开始"选项卡,单击"段落"组右下角的 按钮,弹出"段落"对话框,在"缩进和间距"选项卡的"对齐方式"下拉列表中进行设置即可。

　　3) 行间距与段间距的设定

　　行间距是指行与行之间的距离,段间距是两个相邻段落之间的距离。用户可以根据需要来调整文本的行间距和段间距。

　　(1) 行间距的设置。在用户没有设置行间距时,Word 自动设置段落内文本的行间距为一行,即单倍行距。在正常情况下,当行中出现图形或字体变化时,Word 会自动调节行距以容纳较大的图形或字体。只有当行间距设置为固定值时,增大图形或字体时行间距保持不变。在这种情况下,当增大字体时,较大的文本可能会显示不完整。

　　如果用户要设置行间距,先选中单行或多行文本,然后选择"开始"选项卡,单击"段落"组右下角的 按钮,弹出"段落"对话框。在"段落"对话框中选择"缩进和间距"选项卡,然后在"间距"选项组中单击"行距"右侧的 ▼ 按钮,在弹出的下拉列表中进行选择。此外,用户还可以通过在"开始"选项卡中单击"段落"组中的"行和段落间距"按钮 ,在弹出的下拉列表中选择段落行距,如图 2-49 所示。

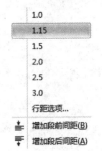

图 2-49　行间距设置

　　(2) 段间距的设置。用户对段间距的设置可以有效地改善版面的外观效果。设置段间距的操作步骤如下。

　　① 将插入点放置在要设置段间距的段落内,或选中要设置段间距的段落。

　　② 在"开始"选项卡中,单击"段落"右下角的 按钮,弹出"段落"对话框。

　　③ 在"段落"对话框中,选择"缩进和间距"选项卡,在"间距"选项组的"段前"微调框中指定段前空白距离,在"段后"微调框中指定段后空白距离。

　　④ 单击"确定"按钮返回文档。

4. Word 表格的制作

　　表格由一行或多行单元格组成,用于显示数字和其他项以便快速引用和分析。在文档中插入表格可以使内容简明,且方便直观。

　　1) 插入表格

　　在 Word 文档中,用户可以按以下方法插入表格。

（1）利用"插入"→"表格"菜单。将光标置于要插入表格的位置,选择"插入"选项卡,单击"表格"组中的"表格"下三角按钮,拖动鼠标选择行数和列数,如图 2-50 所示,即可插入相应的表格。

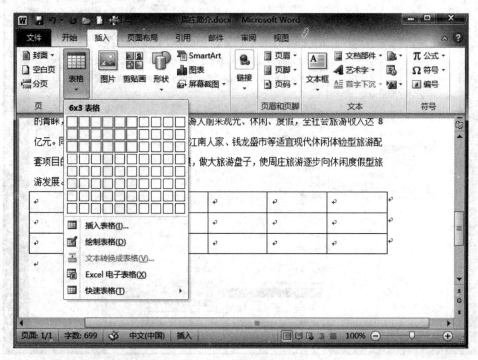

图 2-50 手动创建表格

插入表格后,会自动弹出"表格工具"选项卡,用户可选择它对表格进行设置。

（2）执行"插入表格"命令。选择"插入"选项卡,单击"表格"组中的"表格"下拉按钮,执行"插入表格"命令,打开"插入表格"对话框,如图 2-51 所示。

在"表格尺寸"选项组中设置表格的"列数"和"行数",也可进行其他设置。然后单击"确定"按钮。

2）绘制表格

选择"插入"选项卡,单击"表格"组中的"表格"下拉按钮,执行"绘制表格"命令,当光标变成笔状时,在工作区中拖动鼠标绘制表格。

3）快速表格

选择"插入"选项卡,单击"表格"组中的"表格"下拉

图 2-51 "插入表格"对话框

按钮,执行"快速表格"命令,如图 2-52 所示,在其子菜单中选择要应用的表格样式,如选择"带副标题 1"选项。

4）向表格中输入和编辑文本

表格制作完成后,就需要向表格中输入内容,向表格中输入内容也就是指向单元格中

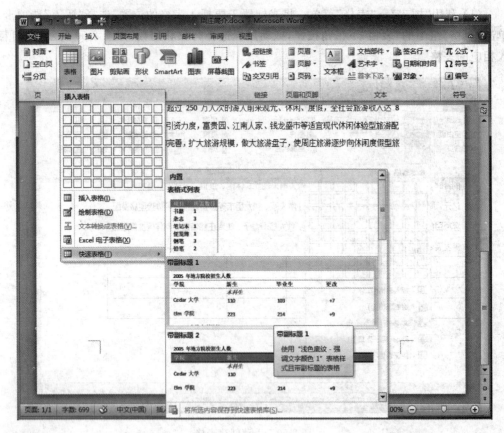

图 2-52　快速表格

输内容,文本输入结束后,根据需要,可以对输入的文本进行编辑。

在单元格中输入文本与在文档中输入文本的方法是一样的,都是先指定插入点的位置。在表格中单击要输入文本的单元格,即可将插入点移到要输入文本的单元格中,然后输入文本。

在单元格中输入文本时,可以配合下面的快捷键在表格中快速地移动插入点。

Tab：移到同一行的下一个单元格中。

Shift＋Tab：移到同一行的前一个单元格中。

Alt＋Home：移到当前行的第一个单元格中。

Alt＋End：移到当前行的最后一个单元格中。

↑：上移一行。

↓：下移一行。

Alt＋PageUp：移到当前列最上方的单元格中。

Alt＋PageDown：移到当前列最下方的单元格中。

输入完成后,可以对文本进行移动和复制等操作,在单元格中移动或复制文本的方法与在文档中移动或复制文本的方法基本相同,使用鼠标拖动、命令按钮或快捷键等方法来移动复制单元格、行或列中的内容。

选择文本时，如果选择的内容不包括单元格的结束标记，内容移动或复制到目标单元格时，不会覆盖目标单元格中的原有文本。如果选择的内容包括单元格的结束标记，则内容移动或复制到目标单元格时，会替换目标单元格中原有的文本和格式。

5）表格的编辑和修饰

表格创建完成以后，用户可以对其加以设置，如插入行和列，合并及拆分单元格等设置。

（1）选定表格。为了对表格进行修改，必须先选定要修改的表格。选定表格的方法有以下几种。

① 将鼠标指针移到要选定的单元格，当指针由 I 形状变成 ↗ 形状时，按住鼠标左键向上、下、左、右拖动即可选定相邻多个单元格即单元格区域。

② 选定表格的行：将鼠标指针指向要选定的行的左侧，单击选定一行；向下或向上拖动鼠标选定表中相邻的多行。

③ 选定表格的列：将鼠标指针移到表格最上面的边框线上，指针指向要选定的列，当鼠标指针由 I 形状变成 ↓ 形状时，单击选定一列；向左或向右拖动鼠标选定表中相邻的多列。

④ 选定不连续的单元格：Word 允许选定多个不连续的区域，选择方法是按住 Ctrl 键，依次选中多个不连续的区域。

⑤ 选定整个表格：单击表格左上角的移动控制点 ✛ 可以迅速选定整个表格。

（2）调整行高和列宽。使用表格时，用户可以通过以下几种方法，调整表格或单元格的行高和列宽。

① 使用"自动调整"命令。选中要调整行高和列宽的表格，切换到"表格工具"→"布局"选项卡，单击"单元格大小"组中的"自动调整"下拉按钮，如图 2-53 所示，执行"根据内容自动调整表格"命令，即可实现调整表格行高和列宽的目的。

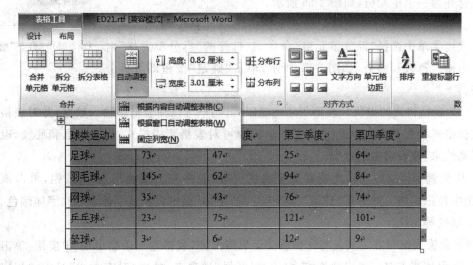

图 2-53　自动调整表格大小

②　使用"单元格大小"组中的工具。将光标置于要设置大小的单元格中,切换到"表格工具|布局"选项卡,如图 2-54 所示,在"单元格大小"组的"高度"和"宽度"微调框中输入数值,即可更改单元格大小。

(3)　插入行或列。将光标定位在要插入行和列的位置,切换到"表格工具|布局"选项卡。在"行和列"组中单击"在右侧插入"按钮,即可在所选单击格的右侧插入一列;单击"在上方插入"按钮,即可在所选单元格的上方插入一行,如图 2-55 所示。

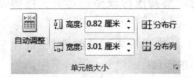

图 2-54　"单元格大小"组

图 2-55　"行和列"组

(4)　删除行、列或表格。

①　将光标置于要删除行、列所在的单元格中。

②　切换到"表格工具|布局"选项卡,在"行和列"组中单击"删除"按钮,在弹出的下拉菜单中选择所需的选项。

a.　删除列:删除当前单元格所在的整列。

b.　删除行:删除当前单元格所在的整行。

c.　删除表格:删除当前的整个表格。

(5)　合并和拆分单元格。

①　合并单元格。选择要合并的单元格区域,切换到"表格工具|布局"选项卡,单击"合并"组中的"合并单元格"按钮,即可将单元格区域合并为一个单元格,如图 2-56 所示。

②　拆分单元格。将光标定位在要拆分的单元格中,右击,在弹出的快捷菜单中选择"拆分单元格"命令,在打开的"拆分单元格"对话框中输入行数和列数,如图 2-57 所示,单击"确定"按钮即可拆分元格。

图 2-56　"合并"组

(6)　表格格式的设置。表格创建完成以后,用户可以在表格中输入数据,并对表格中的数据格式及对齐方式等进行设置。同样,也可对表格套用样式,设置边框和底纹,以增强视觉效果,使表格更加美观。

①　设置字体格式。将光标移动至表格上方,表格左上角会出现 ⊞ 按钮,单击该按钮,选中整张表格。然后在"开始"选项卡中的"字体"组中设置其字体、字号、字体颜色、加粗、下划线等属性。

②　设置表格对齐方式。将光标移动至表格上方,表格左上角会出现 ⊞ 按钮,单击该按钮,选中整张表格。然后选择"表格工具|布局"选项卡,单击"对齐方式"组中的相应按钮来设置文字对齐方式,如图 2-58 所示。

图 2-57　"拆分单元格"对话框

图 2-58　"对齐方式"组

（7）添加边框。Word 2010 提供了很多种表格边框样式，用户可根据需要选择适合自己的边框。

将光标移动至表格上方，表格左上角会出现┼按钮，单击该按钮，选中整张表格。然后选择"表格工具|设计"选项卡，在"表格样式"组中单击"边框"下三角按钮，执行"边框和底纹"命令，在弹出的"边框和底纹"对话框中进行设置。

（8）添加底纹。首先选择要添加底纹的单元格区域，然后选择"表格工具|设计"选项卡，单击"表格样式"组中的"底纹"下三角按钮，选择一种颜色，如橙色。或者选中要添加底纹的表格区域，右击，在弹出的快捷菜单中选择"边框和底纹"命令，选择"底纹"选项卡，单击"填充"下三角按钮，选择一种颜色，即可为表格添加底纹。

（9）套用表格样式。在表格的任意单元格内单击，然后切换到"表格工具|设计"选项卡，在"表格样式"组选择一种表格样式效果。

6）表格与文本相互转换

（1）将文本转换成表格。

① 可以使用同样的符号分隔文本中的数据项，如段落标记、半角逗号、制表符、空格等。

② 选中 Word 中需要转换成表格的文本。

③ 在"插入"选项卡的"表格"组中选择"表格"→"文本转换成表格"命令，如图 2-59 所示。

④ 在"将文字转换成表格"对话框的"文字分隔位置"下，选择要在文本中使用的分隔符对应的选项，如图 2-60 所示。

⑤ 在"列数"微调框中设置列数。如果未看到预期的列数，则可能是文本中的一行或多行缺少分隔符。

⑥ 根据需要设置其他选项。最后单击"确定"按钮。

（2）表格转换为文本。在 Word 2010 文档中，用户可以将 Word 表格中指定单元格或整张表格转换为文本内容（前提是 Word 表格中含有文本内容），操作步骤如下。

① 选中需要转换为文本的单元格，如果需要将整张表格转换为文本，则只须单击表格的任意单元格。切换到"表格工具|布局"选项卡，然后单击"数据"组中的"转换为文本"按钮。

图 2-59　文本转换成表格

② 在打开的"表格转换成文本"对话框中,如图 2-61 所示,选中"段落标记""制表符""逗号"或"其他字符"单选按钮。选择任何一种标记符号都可以转换文本,只是转换生成的排版方式或添加的标记符号有所不同。最常用的是"段落标记"和"制表符"两个选项。选中"转换嵌套表格"复选框可以将嵌套于表格中的内容同时转换为文本。

③ 设置完毕,单击"确定"按钮。

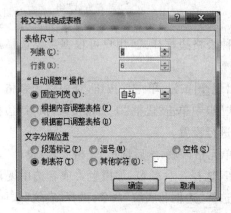

图 2-60　"将文字转换成表格"对话框　　　　图 2-61　"表格转换成文本"对话框

7) 表格内数据的排序和计算

(1) 数据排序。对数据进行排序并非 Excel 表格的专利,在 Word 2010 中同样可以对表格中的数字、文字和日期数据进行排序操作,操作步骤如下。

① 打开 Word 2010 文档窗口,在需要进行数据排序的 Word 表格中单击任意单元格。切换到"表格工具|布局"选项卡,单击"数据"组中的"排序"按钮,如图 2-62 所示。

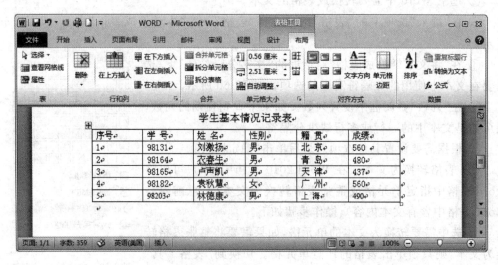

图 2-62　单击"排序"按钮

② 打开"排序"对话框,如图 2-63 所示,在"列表"区域选中"有标题行"单选按钮。如果选中"无标题行"单选按钮,则 Word 表格中的标题也会参与排序。

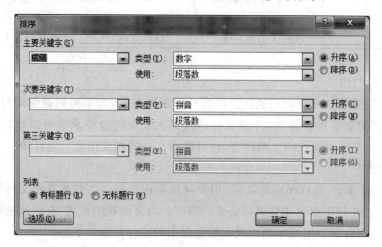

图 2-63 选中"有标题行"单选按钮

③ 在"主要关键字"组中的下拉列表框中选择排序依据的主要关键字。在"类型"下拉列表框中选择"笔画""数字""日期"或"拼音"选项。如果参与排序的数据是文字,则可以选择"笔画"或"拼音"选项;如果参与排序的数据是日期类型,则可以选择"日期"选项;如果参与排序的只是数字,则可以选择"数字"选项。选中"升序"或"降序"单选按钮设置排序的顺序类型。

④ 在"次要关键字"和"第三关键字"组中进行相关设置,并单击"确定"按钮对 Word 表格数据进行排序。

(2) 数据计算。Word 提供了对表格数据一些诸如求和、求平均值等常用的统计计算功能。利用这些计算功能可以对表格中的数据进行计算。操作步骤如下。

① 将插入点移到存放数据计算结果的单元格中;切换到"表格工具|布局"选项卡,单击"数据"分组中的"公式"按钮,打开"公式"对话框,如图 2-64 所示。

② 在"公式"文本框中显示=SUM(LEFT),表明要计算左边各列数据的总和,SUM(ABOVE)表示对本列上面所有数据求和。如果要计算其平均值,应将其修改为=AVERAGE(LEFT),公式名可以在"粘贴函数"下拉列表框中选定。

图 2-64 "公式"对话框

③ 在"编号格式"下拉列表框中选择 0,表示没有小数。

④ 单击"确定"按钮,即可得出计算结果。表 2-2 为一些常用函数的功能。

表 2-2　常用函数的功能

函　　数	返 回 结 果	函　　数	返 回 结 果
SUM()	返回一组数值的和	AVERAGE()	返回一组数值的平均值
ABS(X)	返回 X 的绝对值	COUNT()	返回列表中的项目数

5. 文档的打印

文档创建完成后,常常需要通过打印机打印到纸张上,为了得到最终的打印效果,常在打印之前要对页面进行设置,并预览打印效果。如果符合要求就可以确定打印输出。在 Word 中,用户可以只打印文档内容,也可连同文档的相关信息一起打印。

1) 打印预览

利用 Word 2010 的打印预览功能,用户可以在正式打印之前就看到文档打印后的效果,以方便用户在打印前对文档进行必要的修改。与页面视图相比,打印预览视图可以更真实地表现文档外观。用打印预览视图检查版面的操作步骤如下。

(1) 打开 Word 文档,打开"文件"→"打印"子菜单。

(2) 在"打印"子菜单的右侧可以预览文档的效果,如图 2-65 所示。

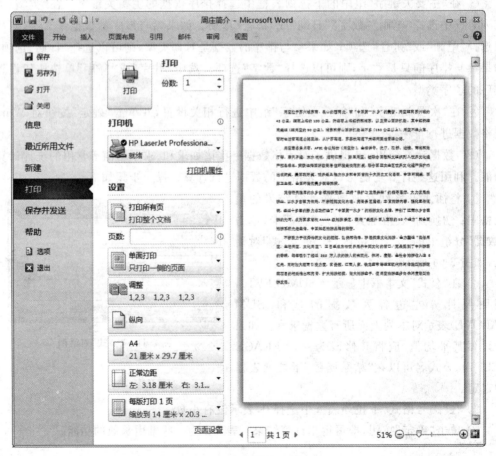

图 2-65　打印效果预览

（3）打印预览区中，包括"上一页""下一页"两个按钮，可向前或向后翻页。

2）打印文档

如果要打印文档，需要将文档编辑好之后，打开"文件"→"打印"子菜单，在打开的打印面板中单击"打印"按钮，进行打印。一般情况下，如果要对打印选项进行调整，可在"打印"面板中进行设置。如果使用默认设置，感觉不满意，可以返回重新设置。用户可在打印预览区中查看设置的效果。

2.5　Word 案例强化

调入"Word 素材\Word 案例强化"文件夹中的 ed2 文件，参考样张如图 2-66 所示，按下列要求进行操作。

图 2-66　Word 样张（二）

（1）将页面设置为 A4 纸，上、下页边距为 2 厘米，左、右页边距为 3 厘米，每页 40 行，每行 38 个字符。

操作步骤如下。

① 打开"Word 素材\Word 案例强化"文件夹中的 ed2 文件。

② 切换到"页面布局"选项卡，单击"页面设置"组右下角的 按钮，弹出"页面设置"对话框。在"页边距"选项卡中设置上、下页边距均为 2 厘米，左、右页边距均为 3 厘米。在"文档网格"选项卡中设置每页 38 行，每行 40 个字符，如图 2-67 和图 2-68 所示，单击

"确定"按钮。

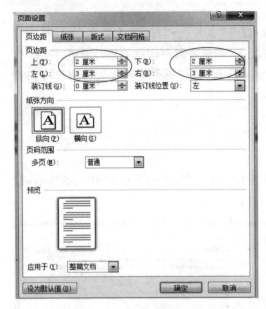
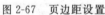

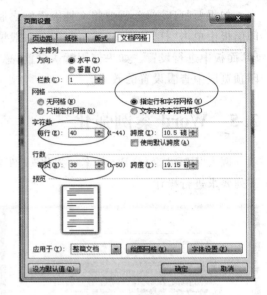

图 2-67　页边距设置　　　　　　　　图 2-68　文档网格设置

(2) 给文章加标题"中国福利彩票",设置其格式为黑体、红色、一号字,居中显示,标题段填充"白色,背景 1,深色 15％"的底纹。

操作步骤如下。

① 打开 ed2 文件,在文章标题处输入标题"中国福利彩票",然后选中标题,切换到"开始"选项卡,单击"字体"组中右下角的 按钮,则会弹出"字体"对话框,在对话框中,设置字体格式为黑体、红色、一号字,居中显示。

② 选中标题"中国福利彩票",切换到"页面布局"选项卡,单击"页面边框"按钮,在弹出的"边框和底纹"对话框中,选择"底纹"选项卡,如图 2-69 所示。在"填充"下拉列表中选择"白色,背景 1,深色 15％"的底纹,单击"确定"按钮。

(3) 设置正文第一段首字下沉两行,首字字体为楷体,其余各段首行缩进两字符。

操作步骤如下。

① 打开 ed2 文件,选中第一段的第一个字,切换到"插入"选项卡,选择"文本"→"首字下沉"→"首字下沉选项"命令,弹出"首字下沉"对话框,如图 2-70 所示,在对话框中设置位置为下沉,字体为黑体,下沉行数为 2,单击"确定"按钮。

② 选中下沉的字,切换到"开始"选项卡,单击"字体"组中的"字体颜色"按钮,在弹出的下拉列表中选择"红色"。

(4) 参考样张,在正文适当位置插入图片"福利彩票.jpg",设置图片高度、宽度缩放比例均为 70％,环绕方式为四周型。

操作步骤如下。

① 打开 ed2 文件,切换到"插入"选项卡,单击"插图"组中的"图片"按钮,在弹出的

"插入图片"对话框中,找到图片"福利彩票.jpg",选择图片,单击"确定"按钮。

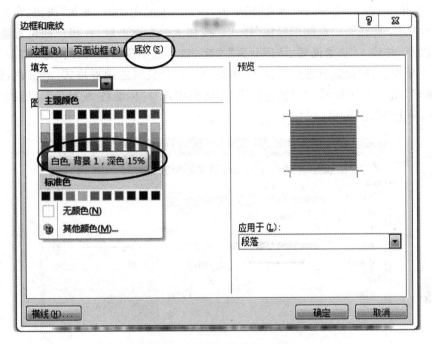

图 2-69　"边框和底纹"对话框

图 2-70　"首字下沉"对话框

②　选中图片,右击,在弹出的快捷菜单中选择"大小和位置"命令,在弹出的对话框中,选择"文字环境"选项卡,选择环绕方式"四周型",然后选择"大小"选项卡,取消选中"锁定纵横比"和"相对原始图片大小"复选框,在缩放的高度和宽度处分别设置 70%、70%,单击"确定"按钮。

(5)　参考样张,在正文适当位置插入自选图形"椭圆形标注",添加文字"扶老助残、济困救孤",设置文字格式为仿宋、红色、三号字、加粗,设置自选图形格式为浅绿色填充色、透明度 50%、紧密型环绕、右对齐。

操作步骤如下。

① 打开 ed2 文件，切换到"插入"选项卡，单击"插图"组中的"形状"按钮，在弹出的下拉列表中选择"标注"→"椭圆形标注"样式。按住鼠标左键不放，在相应的位置拖出椭圆形标注图形，并输入"扶老助残、济困救孤"文字，然后选中椭圆形标注图形，右击，在弹出的快捷菜单中选择"设置自选图形格式"命令，弹出"设置自选图形格式"对话框，选择"图片"选项卡，如图 2-71 所示，在"颜色"下拉列表框中选择"标准色-浅绿色"，设置"透明度"为 50％，单击"确定"按钮。

图 2-71　设置自选图形格式

② 选中椭圆形标注图形，右击，在弹出的快捷菜单中选择"自动换行"→"四周型环绕方式"。

③ 选中形状里的文字，切换到"开始"选项卡，在"字体"组中，设置字体为仿宋，字号为三号，颜色为红色，文字加粗。

（6）设置奇数页页眉为"中国福彩"，偶数页页眉为"造福社会"，均居中显示，并在所有页的页面底端插入页码，页码样式为"框中倾斜 2"。

操作步骤如下。

① 打开 ed2 文件，切换到"页面布局"选项卡，单击"页面设置"组右下角的 按钮，弹出"页面设置"对话框，选择"版式"选项卡，然后选中"奇偶页不同"复选框，单击"确定"按钮。

② 切换到"插入"选项卡，单击"页眉和页脚"组中的"页眉"命令，再单击下三角按钮，弹出下拉菜单，选择"空白"选项，此时光标定位到页眉处，在第一页输入"中国福彩"，第二页输入"造福社会"。

③ 单击"页眉和页脚"组中的"页码"命令,如图 2-72 所示,再单击下三角按钮,弹出下拉菜单,选择"页面底端"选项,弹出下拉菜单,选择页码样式为"框中倾斜 2"。

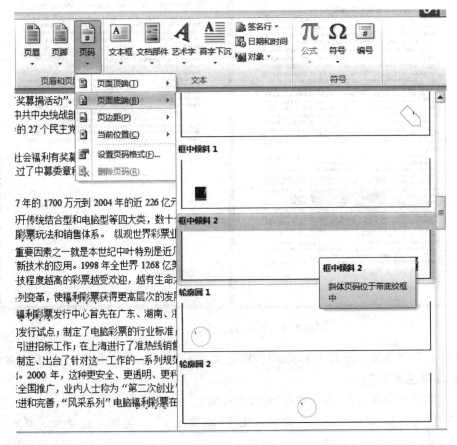

图 2-72 插入页码

(7) 将编辑好的文章保存为 ed2. rtf,保存在"Word 案例强化"文件夹中。

操作步骤如下。

选择"文件"→"另存为"命令,进入"Word 案例强化"文件夹,单击"保存"按钮。

2.6 Word 综合实训

Word 综合实训(一)

调入"Word 素材\Word 综合实训"中的 ed3. docx 文件,参考如图 2-73 所示的样张,按下列要求进行操作。

(1) 将页面设置为:A4 纸,上、下、左、右页边距均为 2.5 厘米,每页 42 行,每行 40 个字符。

(2) 给文章加标题"建设高铁势在必行",设置其格式为幼圆、加粗、三号字、字符间距加宽 1.5 磅,居中显示;给标题段落添加单波浪线、标准色-绿色、1.5 磅方框。

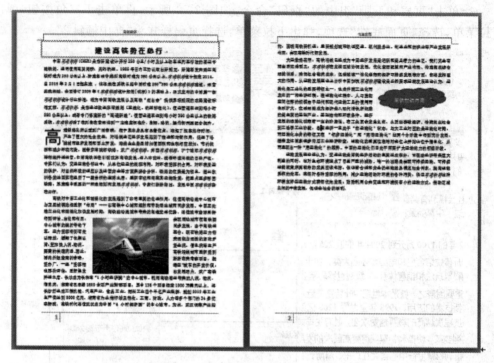

图 2-73　Word 综合实训(一)样张

（3）设置正文第二段首字下沉 3 行，距正文 0.1 厘米，首字字体为黑体，其余各段设置为首行缩进 2 字符。

（4）将正文中所有的"高速铁路"设置为标准色-红色、倾斜、加着重号。

（5）参考样张，在正文适当位置插入图片"高铁.jpg"，设置图片高度为 5 厘米、宽度为 7 厘米，环绕方式为穿越型。

（6）参考样张，在正文适当位置插入云形标注，添加文字"高铁拉动内需"，设置文字格式为宋体、四号字，形状填充主题颜色-水绿色、强调文字颜色 5，环绕方式为四周型。

（7）设置奇数页页眉为"高铁经济"，偶数页页眉为"飞速发展"，均居中显示，并在所有页插入"年刊型"页脚。

（8）将编辑好的文章以文件名 ed3.docx 保存在"Word 综合实训"文件夹中。

Word 综合实训（二）

调入"Word 素材\Word 综合实训"中的 ed4.docx 文件，参考如图 2-74 所示的样张，按下列要求进行操作。

（1）将页面设置为：A4 纸，上、下页边距为 2.6 厘米，左、右页边距为 3.2 厘米，每页 43 行，每行 40 个字符。

（2）给文章加标题"潮汐发电"，设置其格式为隶书、小一号字、标准色-深红，居中显示。

（3）设置正文第一段首字下沉 3 行，距正文 0.1 厘米，首字字体为幼圆，其余各段设置为首行缩进 2 字符。

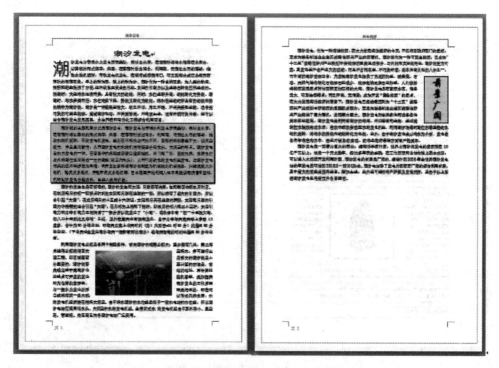

图 2-74　Word 综合实训(二)样张

（4）为正文第二段添加带阴影、标准色-蓝色、1.5 磅边框，填充标准色-黄色底纹。

（5）参考样张，在正文适当位置插入图片"潮汐发电.jpg"，设置图片高度为 4 厘米、宽度为 7 厘米，环绕方式为四周型。

（6）参考样张，在正文适当位置插入竖排文本框，添加文字"前景广阔"，设置文字格式为华文行楷、一号字、加粗、标准色-紫色，文本框填充主题颜色-橙色、强调文字颜色 6、淡色 80%，环绕方式为紧密型。

（7）设置奇数页页眉为"潮汐发电"，偶数页页眉为"蓝色能源"，均居中显示，并在所有页插入页脚，页脚样式为"奥斯汀"。

（8）将编辑好的文章以文件名 ed4.docx 保存在"Word 综合实训"文件夹中。

Word 综合实训(三)

调入"Word 素材\Word 综合实训"中的 ed5.docx 文件，参考如图 2-75 所示的样张，按下列要求进行操作。

（1）将页面设置为：A4 纸，上、下页边距为 2.6 厘米，左、右页边距为 3.2 厘米，每页 43 行，每行 40 个字符。

（2）给文章加标题"了解篆刻"，设置其格式为隶书、二号字，居中显示，标题段落填充主题颜色-茶色、背景 2、深色 10% 的底纹。

（3）设置正文各段首行缩进 2 字符，段前段后间距 0.2 行。

（4）给正文中加粗且有下划线的第二、第四、第六段添加菱形项目符号。

（5）参考样张，在正文适当位置插入图片"篆刻.jpg"，设置图片高度、宽度缩放比例

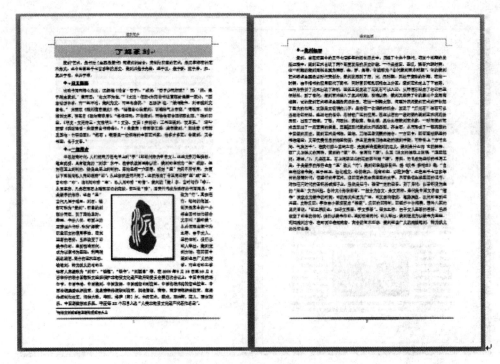

图 2-75　Word 综合实训(三)样张

均为 60％,环绕方式为四周型,图片样式为简单框架、黑色。

（6）在正文第一行第一个"镌刻"后插入脚注"把铭文刻或画在坚硬物质或石头上"。

（7）设置奇数页页眉为"篆刻简介",偶数页页眉为"篆刻起源",均居中显示,并在所有页的页面底端插入页码,页码样式为"粗线"。

（8）将编辑好的文章以文件名 ed5.docx 保存在"Word 综合实训"文件夹中。

Excel 2010 电子表格制作软件

Excel 集文字、数据、图形、图表及多媒体对象处理功能于一体,不仅可以制作各类电子表格,还可以组织、计算和分析多种类型的数据,能够方便地制作图表。因其界面友好、操作方便、功能强大、易学易用,深受广大用户的喜爱。

3.1 项目提出

根据"Excel 素材\Excel 项目"中工作簿 ex1.xlsx 中提供的数据,制作如图 3-1 所示的 Excel 图表,具体要求如下。

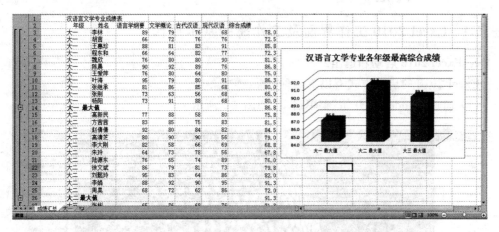

图 3-1 Excel 图表样张

(1) 将"大一"工作表中所有学生的数据(不含标题行)复制到"成绩汇总"工作表,要求数据自单元格 B26 开始存放。

(2) 在"成绩汇总"工作表 H2 单元格中输入文字"综合成绩",并在 H 列利用公式计算每位学生的综合成绩,结果显示一位小数(综合成绩为语言学纲要、文学概论、古代汉语和现代汉语 4 门课的平均分)。

(3) 在"成绩汇总"工作表中,先将数据按照年级为"大一""大二""大三"的顺序排序,然后按"年级"进行分类汇总,汇总出各年级综合成绩的最高分,要求汇总项显示在数据下方。(提示:需使用自定义序列排序。)

（4）参考样张，根据"成绩汇总"工作表的汇总数据，生成一张反映各年级综合成绩最高分的"三维簇状柱形图"，嵌入当前工作表中，图表标题为"汉语言文学专业各年级最高综合成绩"，无图例，数据标签在外侧。

（5）将工作簿以文件名 ex1.xlsx 保存在"Excel 2010 项目"文件夹中。

3.2　知识目标

（1）熟悉 Excel 2010 的工作界面及工作簿的操作方法。

（2）掌握 Excel 2010 的数据类型及录入方法。

（3）掌握 Excel 2010 的工作表和单元格的管理方法。

（4）掌握单元格的格式设置方法。

（5）掌握公式的编辑与使用方法。

（6）掌握数据的排序、筛选方法。

（7）掌握分类汇总、数据透视表的应用方法。

（8）掌握图表的创建与编辑方法。

3.3　项目实施

任务 1：Excel 2010 工作界面及工作簿的基本操作

1. Excel 2010 启动和退出

Excel 2010 的启动方式有以下两种。

（1）通过 Windows"开始"菜单启动，如图 3-2 所示。

图 3-2　Excel 2010 的启动

① 单击"开始"菜单。

② 单击"所有程序"命令。

③ 单击 Microsoft Office 命令。

④ 单击 Microsoft Excel 2010 命令,启动 Excel 程序。

(2) 通过快捷方式启动 Excel 2010。如果在 Windows 桌面建立了快捷方式,双击此快捷方式即可启动 Excel 2010 应用程序,如图 3-3 所示。

图 3-3　Excel 2010 的快捷启动

Excel 2010 的退出方式有以下 3 种,其中,通过菜单命令和工具按钮方式退出如图 3-4 所示。

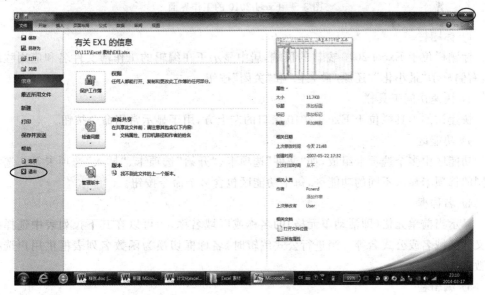

图 3-4　Excel 2010 的退出

(1) 选择"文件"→"退出"命令。

(2) 单击 Excel 工作簿窗口右上角的 ▇ X ▇ 按钮。

(3) 按 Alt＋F4 组合键。

2. Excel 2010 工作界面

启动 Excel 2010 即可进入其工作窗口。Excel 2010 工作窗口由"文件"选项卡、快速访问工具栏、标题栏、名称框、功能区、编辑栏、状态栏和工作表编辑区组成,如图 3-5 所示。

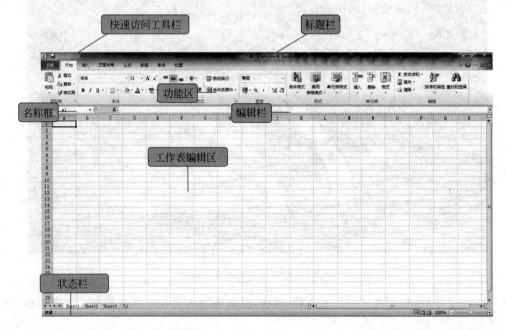

图 3-5　Excel 2010 的工作界面

1) 标题栏

标题栏位于 Excel 2010 窗口的顶端,居中显示正在编辑的工作簿文件名和应用程序名,右侧显示"最小化""还原/最大化"和"关闭"按钮。

2) 快速访问工具栏

快速访问工具栏位于 Excel 2010 窗口的左上方,用于显示常用命令按钮。

3) 功能区

功能区由多个选项卡组成,如"文件"选项卡、"开始"选项卡、"插入"选项卡等。选择不同的选项卡显示不同的功能区,每个功能区包含多个命令按钮。

4) 名称框

显示当前单元格(即活动单元格)的名称或区域名称,还可以在其下拉列表中选择已定义的区域名或公式名等。当进行公式编辑时,名称框切换为函数名列表框供用户选择函数。

5) 编辑栏

编辑栏对应的是活动单元格,给活动单元格以更大的编辑空间。两者内容会同步变化,但两者有分工,一般编辑栏显示公式,活动单元格显示计算结果。

6)状态栏

状态栏位于 Excel 2010 窗口的底端,用于显示信息,用户可自定义显示内容。

7)工作表编辑区

工作表编辑区位于编辑栏下方,是 Excel 电子表格区域。构成工作表的基本单位是单元格。每个工作表由 16384(列)×1048576(行)个单元格组成,每一行列交叉即为一个单元格。每个单元格的名称默认使用"列标+行号"来表示,就是它所在工作表的位置,如 A1、B5 等。

3. 工作簿的基本操作

工作簿是 Excel 使用的文件架构,可以把它想象成一个工作文件夹,在这个工作文件夹里面有许多活页纸,这些活页纸就是工作表,可以随时添加、移除、修改前后顺序。工作表是在 Excel 中用于存储和处理数据的主要文档,但是 Excel 文件以工作簿为单位保存而非工作表。一个工作簿至少包含一个工作表。

1)新建工作簿

启动 Excel 2010 后,系统会自动创建一个名为"工作簿 1"的空白工作簿。在"文件"选项卡中选择"新建"命令,如图 3-6 所示,选择"空白工作簿",单击"创建"按钮,创建空白工作簿。也可以根据需要事先设置好一些内容,如事先设计好的表格,设计好的格式等,这就是模板,如图 3-6 所示,在"可用模板"中选择样本模板,单击"创建"按钮,创建基于模板的工作簿。

图 3-6　新建工作簿

2）打开工作簿

打开已有的 Excel 文件，可通过以下 3 种方式。

（1）找到 Excel 文件并双击文件图标。

（2）选择"文件"→"打开"命令，弹出"打开"对话框，找到该文件，单击对话框中的"打开"按钮。

（3）选择"文件"→"最近所用文件"命令，单击所要打开的文件，如图 3-7 所示。

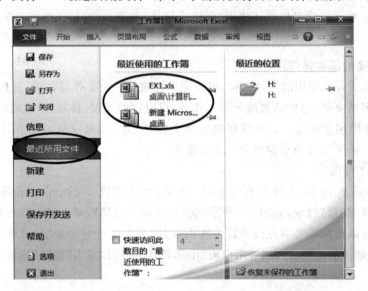

图 3-7　Excel 文件的打开

3）保存工作簿

保存已修改的 Excel 文件，可通过以下 3 种方式。

（1）选择"文件"→"保存"命令。

（2）单击"快速访问工具栏"中的"保存"按钮。

（3）按 Ctrl＋S 组合键。

4）关闭工作簿

关闭已修改的 Excel 文件，可通过以下两种方式。

（1）选择"文件"→"退出"命令。

（2）单击窗口右上角的"关闭"按钮　✕　。

4. 工作表的基本操作

工作簿创建以后，默认情况下有 3 个工作表，改变工作簿中工作表的个数可通过工作表标签来进行，Excel 最多可创建 255 个工作表，根据用户的需要可对工作表进行选取、删除、插入和重命名操作。

操作要求：打开"Excel 素材\Excel 项目"中的 ex1 工作簿，插入新工作表、删除工作表、重命名工作表和移动复制工作表，退出工作簿。

1) 插入工作表

打开 ex1 工作簿，插入步骤如下。

（1）选择"开始"选项卡。

（2）选择"单元格"→"插入"→"插入工作表"命令，如图 3-8 所示，即可插入一张新工作表。

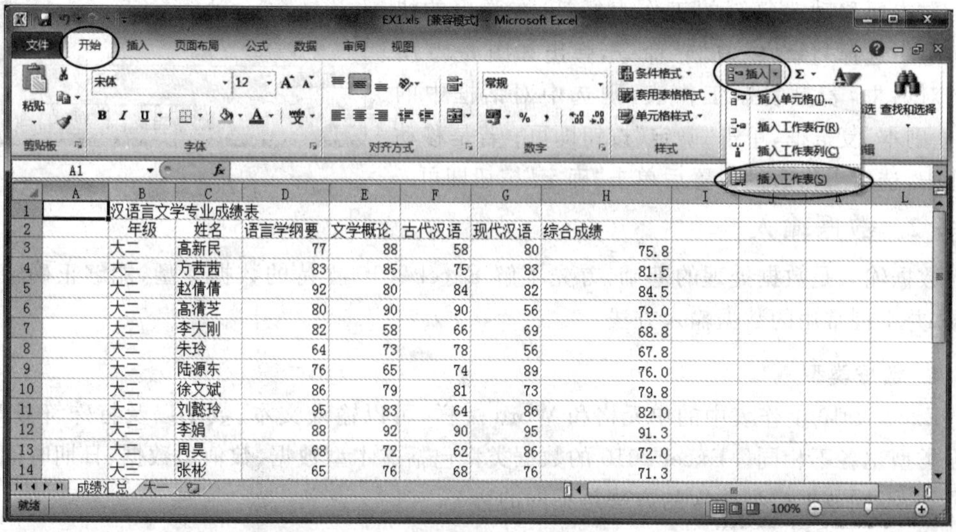

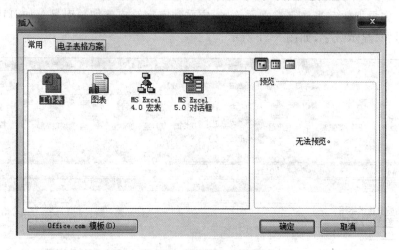

图 3-8　插入工作表

也可以在"成绩汇总"工作表标签上右击，在弹出的快捷菜单中选择"插入"命令，在"插入"对话框中单击"工作表"图标，如图 3-9 所示，单击"确定"按钮。

图 3-9　快捷插入工作表

2) 删除工作表

右击要删除的工作表标签，在弹出的快捷菜单中选择"删除"命令，即可删除工作表。

3）重命名工作表

右击要重命名的工作表标签，在弹出的快捷菜单中选择"重命名"命令，输入新的工作表名称，按Enter 键即可。

4）移动或复制工作表

右击要移动或复制的工作表标签，在弹出的快捷菜单中选择"移动或复制"命令，弹出如图 3-10 所示的对话框，若是复制工作表，则选中对话框中的"建立副本"复选框，单击"确定"按钮即可；若是移动工作表，选定工作表的位置后单击"确定"按钮即可。

图 3-10　"移动或复制工作表"对话框

任务 2：数据输入

数据输入是数据处理的基础，首先了解 Excel 2010 支持的数据类型，能够正确输入数据，并掌握常用的数据输入方法。

1．数据类型

Excel 2010 工作表中的单元格和 Word 一样，可以输入文本、数字以及特殊符号等，数据类型也各不相同。Excel 2010 的数据类型包括文本型数据、数值型数据、日期时间型数据等，不同数据类型输入的方法是不同的。

1）文本型数据

文本可以是任何字符串或数字与字符串的组合，在单元格中文本自动左对齐。一个单元格中最多可输入 3200 个字符。当输入的文本长度超过单元格列宽且右边没有数据时，允许覆盖相邻单元格显示。如果相邻单元格中已有数据，则输入的数据在超出部分处截断显示。如果把数字当作字符文本输入，应在数字字符串前加单引号 '，如 '110，显示时隐藏单引号，只显示数字，如图 3-11 所示。

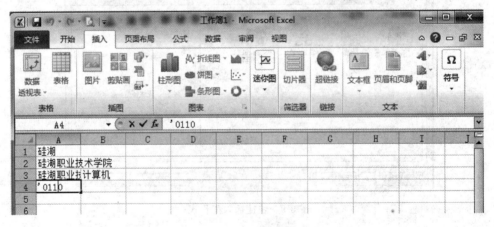

图 3-11　文本型数据

2）数值型数据

数值型数据也是 Excel 工作表中最常见的数据类型。由数字 0～9 和符号＋、—、＊等字符组成，默认右对齐。如果输入的数值超过单元格宽度，系统将自动以科学计数法表示。如果单元格中显示♯符号，表示该单元格所在的列没有足够的宽度来显示数值，改变宽度即可显示，如图 3-12 所示。

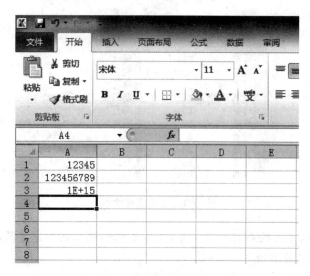

图 3-12 数值型数据

3）日期时间型数据

日期时间型数据在单元格中默认右对齐，以年月日为例，用连字符(-)或斜杠(/)分隔；以时间为例，用冒号分隔，如 2014 年 3 月 18 日 23 点整，常用的输入方式有 2014-03-18 23：00 和 2014/03/18 23：00，如图 3-13 所示。

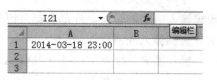

图 3-13 日期时间型数据

2. 输入数据

1）直接输入数据

首先选定单元格，然后输入数据，输入结束按 Enter 键即可。

2）自动填充数据

自动填充数据时，根据初始值决定后续的填充值。将鼠标指针移至初始值所在单元格的右下角，鼠标指针变为实心十字形后拖曳至要填充的最后一个单元格，即可完成自动填充，如图 3-14 所示。

（1）单个单元格内容为纯字符、纯数字或是公式，填充相当于数据复制。

（2）单个单元格内容为文字数字混合体，填充时文字不变，最右边的数字递增，如初始值为 B1，填充为 B2，B3，B4，…。

（3）单个单元格内容为 Excel 预设的自动填充序列中一员，按预设序列填充，如初始值为星期一，自动填充星期二、星期三、…。

图 3-14　自动填充数据

（4）如果有连续单元格存在等差关系，如 2、4、6、8，则先选中这些区域，再运用自动填充可自动输入其余的等差值。

3）导入外部数据

外部数据是指 Excel 工作表之外的数据，导入外部数据既可以节约时间，也可以避免出现输入引起的错误。外部数据可以是网站文件、文本文件和数据库文件。下面以文本文件为例导入外部数据。

操作要求：打开"Excel 素材\Excel 项目"中的 ex1 工作簿，将"证券行情.txt"文件的内容转换为 ex1 工作表中的内容，要求自第一行第一列开始存放。

（1）单击"数据"选项卡中的"自文本"按钮，如图 3-15 所示。

图 3-15　获取外部数据

（2）在"地址栏"列表中选择"证券行情.txt"文件所在路径,选择"证券行情.txt"文件,如图 3-16 所示,单击"打开"按钮,出现"文本导入向导"对话框。

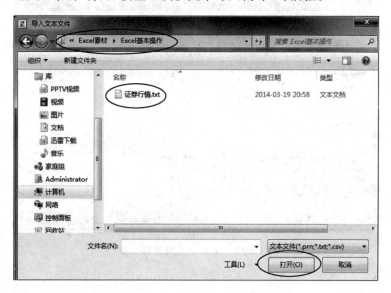

图 3-16　文本文件选择

（3）在图 3-17 所示的对话框中设置好文件的原始数据类型、导入起始行和文件原始格式后,单击"下一步"按钮。

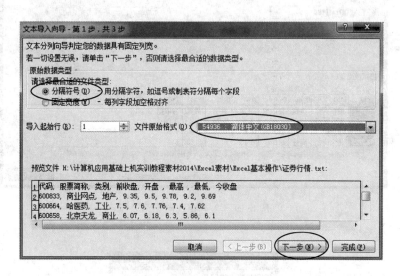

图 3-17　文本导入向导第 1 步

（4）在图 3-18 所示的对话框中,选中"分隔符号"中的"逗号"复选框,单击"下一步"按钮,出现如图 3-19 所示的对话框。

（5）单击"完成"按钮,弹出"导入数据"对话框,如图 3-20 所示。

（6）设置数据放置的位置后,单击"确定"按钮,如图 3-21 所示。

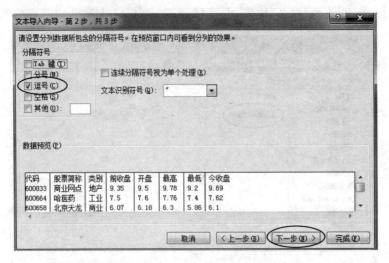

图 3-18　文本导入向导第 2 步

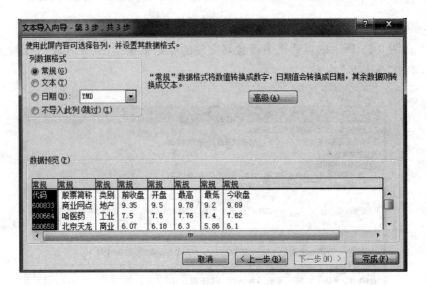

图 3-19　文本导入向导第 3 步

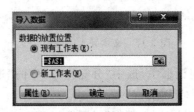

图 3-20　"导入数据"对话框

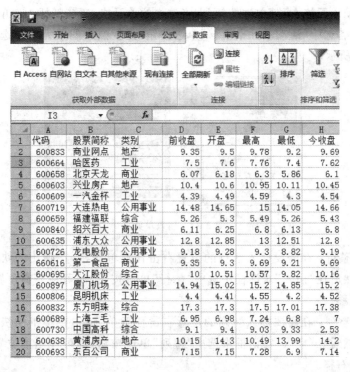

图 3-21　数据显示

任务 3：单元格基本操作

在对表格中的数据进行处理的时候，最常用的操作就是对单元格的操作，掌握单元格的基本操作可以提高制作表格的速度。Excel 2010 中单元格的基本操作包括单元格内容的编辑和清除、单元格格式的设置、单元格的删除和合并等。

操作要求：打开"Excel 素材\Excel 项目"中的 ex1 工作簿，在工作簿"大一"工作表内编辑单元格内容。编辑完毕后关闭工作簿。

1．编辑单元格

1）选择单元格

（1）选择单个单元格：将鼠标指针移动到目标单元格上单击，被选择的目标单元格以粗黑边框显示，并且被选择的单元格对应的行号和列号也以黄色突出显示。

（2）选择多个非连续的单元格：选择第一个单元格后按住 Ctrl 键的同时选择其他单元格。

（3）选择多个连续的单元格：单击目标区域中的第一个单元格后拖至最后一个单元格，或按住 Shift 键后单击区域中最后一个单元格。

（4）选择整行整列：单击行标题和列标题。

2）插入单元格、行和列

（1）插入单元格：单击要插入单元格的位置，在"开始"选项卡的"单元格"组中选择"插入"→"插入单元格"命令。也可以在要插入单元格的位置右击，在弹出的"插入"对话框中选中"活动单元格右移"单选按钮,即将选中的单元格右移,新插入的单元格在选中单元格的左侧。若选中"活动单元格下移"单选按钮,则新插入的单元格在选中单元格的上方,如图 3-22 所示。

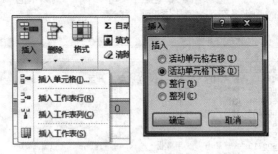

图 3-22　插入单元格

(2) 插入整行:在需要插入新行的位置右击任意单元格,在弹出的快捷菜单中选择"插入"命令,然后在"插入"对话框中选中"整行"单选按钮,即可在当前位置插入一行,原有的行自动下移。

(3) 插入整列:在需要插入新列的位置右击任意单元格,在弹出的快捷菜单中选择"插入"命令,然后在"插入"对话框中选中"整列"单选按钮,即可在当前位置插入一整列,原有的列自动右移。

3) 合并与拆分单元格

在表格制作过程中,有时候为了表格整体布局需要将多个单元格合并为一个单元格或者需要把一个单元格拆分为多个单元格。

(1) 选中需要合并的所有目标单元格,然后右击,在弹出的快捷菜单中选择"设置单元格格式"命令,弹出如图 3-23 所示的对话框。

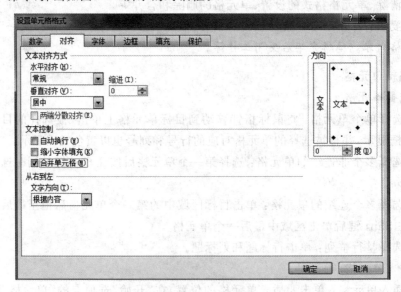

图 3-23　"设置单元格格式"对话框中的"对齐"选项卡

（2）在选择"对齐"选项卡，在"文本控制"区域中选中"合并单元格"复选框，即可完成单元格的合并。

也可通过"合并单元格"按钮来进行单元格的合并，如图 3-24 所示。

图 3-24   合并单元格

拆分单元格的方法和合并单元格是互逆过程，所以想拆分合并的单元格只需再次单击"合并后居中"按钮即可。

4）清除和删除单元格

（1）清除操作针对的是单元格里的内容，单元格本身不受影响。选定单元格后，在"开始"选项卡的"编辑"组中单击"清除"按钮，在弹出的菜单中包含 5 个选项：全部清除、清除格式、清除内容、清除批注和清除超链接，如图 3-25 所示，根据需要选择一个选项即可。

全部清除：彻底清除单元格中的全部内容、格式和批注。

清除格式：只清除格式，保留单元格中的内容。

清除内容：只清除单元格中的内容，保留单元格的其他属性。

清除批注：只清除带批注单元格的批注。

清除超链接：只清除带超链接单元格的超链接。

（2）删除操作针对的是单元格，删除后单元格及单元格里的内容一起被删除掉。选定单元格后，在"开始"选项卡的"单元格"组中单击"删除"按钮，如图 3-26 所示，选择"删除单元格"命令，弹出"删除"对话框，如图 3-27 所示。选中"右侧单元格左移"或"下方单元格上移"单选按钮来填充被删除的单元格留下的空缺，选中"整行"或"整列"单选按钮将删除单元格所在的行或列，其下方的行或右侧的列自动填补空缺。

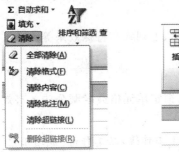

图 3-25   清除单元格　　　图 3-26   删除单元格　　　图 3-27   "删除"对话框

2. 单元格格式设置

为了使工作表的外观整齐、美观、清除和重点突出,通常需要对单元格里面的数据进行格式化,设置工作表及单元格的格式并不会改变单元格里面的数据,只会影响数据的外观。

1) 单元格格式

选中要进行格式化的单元格,右击,在弹出的快捷菜单中选择"设置单元格格式"命令,弹出如图 3-28 所示的对话框,在此对话框中有 6 个选项卡:数字、对齐、字体、边框、填充和保护。

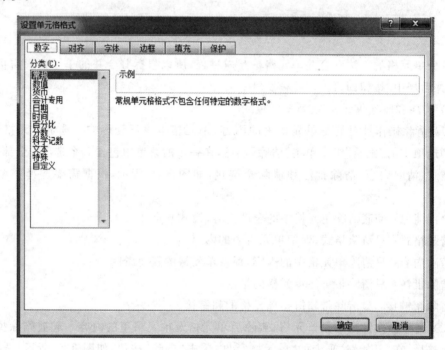

图 3-28 "设置单元格格式"对话框

数字:设置单元格中数字的格式,左侧为"分类"列表,给出数字格式的类型,右侧显示该类型的格式。

对齐:设置单元格中的数据的对齐方式,包括水平对齐、垂直对齐、自动换行、合并单元格。

字体:设置单元格中数据的字体、字形、字号、颜色、下划线和特殊效果等。

边框:设置外边框和内边框的线条样式、颜色等。

填充:设置单元格的颜色,图案颜色和图案样式。

保护:锁定和隐藏单元格,只有在保护工作表后,锁定单元格或隐藏公式才有效。

2) 设置行高和列宽

操作要求:打开"Excel 素材\Excel 项目"中的 ex1 工作簿,在工作簿"成绩汇总"工作表中调整各单元格的行高和列宽。

在实际应用中,有时用户输入的数据内容超出单元格的显示范围,这时用户需要调整行高或列宽以容纳其内容。

（1）利用鼠标拖动适合粗略调整，精确度不高。将鼠标指针移到列号之间的标记处，当鼠标指针变为左右向的双向箭头时，按住鼠标左键并拖动鼠标调整该边框列的宽度。将鼠标指针移到行号之间的标记处，当鼠标变为上下的双向箭头时，按住鼠标左键并拖动鼠标调整该边框行的高度。

（2）自动调整，将鼠标指针移到行号或列号之间的标记处，当鼠标指针变为上下的双向箭头或左右的双向箭头时双击，该行或列自动调整为合适的高度或宽度。

（3）利用菜单命令调整精确度比较高，在"开始"选项卡中单击"单元格"组中的"格式"按钮，选择"行高"或"列宽"命令，如图 3-29 所示，弹出如图 3-30 所示的对话框，在其中设置行高和列宽。

图 3-29　"行高"和"列宽"命令

图 3-30　"行高"和"列宽"对话框

3）行和列的隐藏

操作要求：打开"Excel 素材\Excel 项目"中的 ex1 工作簿，在 ex1 工作簿的"成绩汇总"工作表中隐藏大三年级的信息。

由于屏幕显示工作表范围有限，可根据需要把指定行或列单元格隐藏起来。以隐藏行为例，如图 3-31 所示。

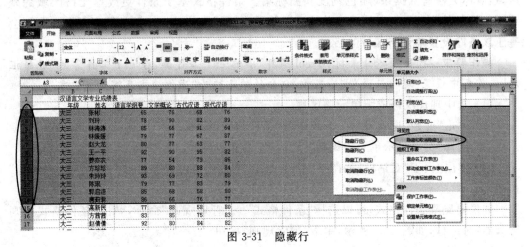

图 3-31　隐藏行

(1) 选中第 3~14 行。

(2) 单击"开始"选项卡"单元格"组中的"格式"按钮,选择"隐藏和取消隐藏"→"隐藏行"命令。

4) 设置单元格样式

Excel 2010 中自带了很多种单元格样式,对单元格进行格式设置时可以直接套用。

(1) 选中 B3:G14 单元格区域。

(2) 单击"开始"选项卡"样式"组中的"单元格样式"按钮,如图 3-32 所示。

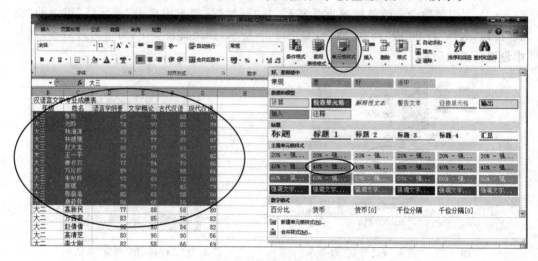

图 3-32　单元格样式

(3) 选择"60%强调文字颜色 2"。

5) 条件格式

条件格式是把指定单元格根据特定条件以指定格式显示出来。使用条件格式可以直观地查看和分析数据,发现关键问题。条件格式可以突出显示所关注的单元格或单元格区域,具体方法有数据条、颜色刻度和图标集。条件格式基于条件更改单元格区域的外观。如果条件为 True,则基于该条件设置单元格区域的格式;如果条件为 False,则不会基于该条件设置单元格区域的格式。

操作要求:打开"Excel 素材\Excel 项目"中的 ex1 工作簿,在 ex1 工作簿的"成绩汇总"工作表中设置"现代汉语"成绩高于 80 分的单元格为"浅红填充色深红色文本"。

(1) 选中现代汉语成绩单元格区域。

(2) 单击"开始"选项卡"样式"组中的"条件格式"按钮。

(3) 选择"突出显示单元格规则"→"大于"命令,如图 3-33 所示。

(4) 弹出"大于"对话框,如图 3-34 所示,在对话框中设置条件和格式后单击"确定"按钮。

如果要删除条件格式,可以选择"条件格式"→"管理规则"命令,弹出"条件格式规则管理器"对话框,如图 3-35 所示,单击"删除规则"按钮。

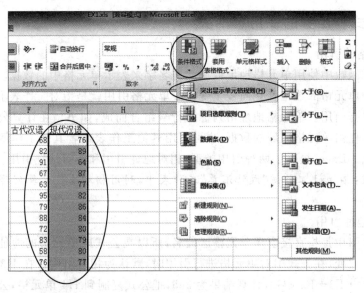

图 3-33　条件格式

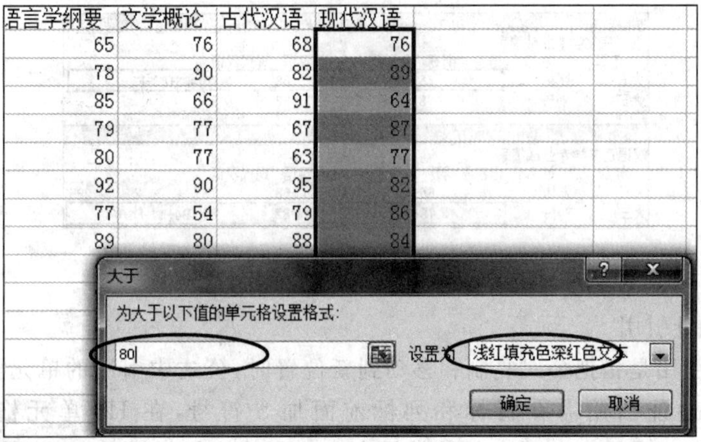

吾言学纲要	文学概论	古代汉语	现代汉语
65	76	68	76
78	90	82	89
85	66	91	64
79	77	67	87
80	77	63	77
92	90	95	82
77	54	79	86
89	80	88	84

图 3-34　"大于"对话框

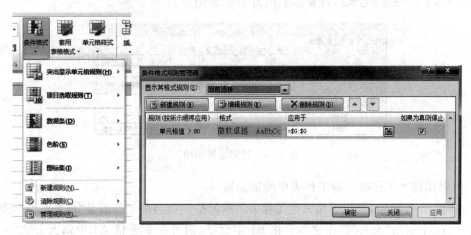

图 3-35　管理规则

任务 4：公式和函数的使用

1. 单元格的引用

在公式和函数中使用单元格地址或单元格名字来表示单元格中的数据。公式的运算值随着被引用单元格的数据变化而发生变化。单元格引用就是指对工作表上的单元格或单元格区域进行引用。单元格地址由列标和行号组合而成，如 A1，在计算公式中可以引用本工作表中任何单元格区域的数据，也可引用其他工作表或者其他工作簿中任何单元格区域的数据。Excel 提供了两种引用类型，相对地址引用和绝对地址引用。

操作要求：在 ex1 工作簿"成绩汇总"工作表中，利用相对地址计算刘玲的所有成绩之和。

1) 相对地址引用

相对地址引用是指直接引用单元格区域名，所以在公式中单元格的地址相对于公式的位置而发生改变，在公式中对单元格进行引用时，默认为相对引用。在 H3 单元格中应用公式为＝D3＋E3＋F3＋G3，计算结果为 285，把公式复制到 H4 单元格，公式变为了＝D4＋E4＋F4＋G4，计算结果为 339，如图 3-36 所示。

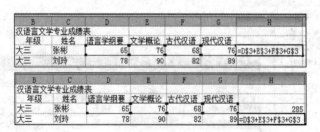

图 3-36　相对地址引用

2) 绝对地址引用

绝对地址引用是指把公式复制和移动到新位置时，公式中引用的单元格地址保持不变。设置绝对地址引用需在行标和列标前面加 $ 符号，在 H3 单元格中应用公式为＝D$3＋E$3＋F$3＋G$3，计算结果为 285，把公式复制到 H4 单元格，公式还是＝D$3＋E$3＋F$3＋G$3，计算结果仍为 285，如图 3-37 所示。

图 3-37　绝对地址引用

3) 引用同一工作簿其他工作表中的单元格

在同一工作簿中，可以引用其他工作表的单元格。如当前工作表是"成绩汇总"，要在单元格 A1 中引用"大一"工作表单元格 B1 中数据，则可在单元格 A1 中输入公式"＝大一!B1",如图 3-38 所示。

4）引用其他工作簿中的单元格

在 Excel 计算时也可以引用其他工作簿中单元格的数据或公式。如在当前工作簿 ex1 中"成绩汇总"工作表的单元格 A1 中引用工作簿 ex2 中"成绩表"工作表的单元格 B2 中的数据,则可以在工作表"成绩汇总"的 A1 单元格中输入"=[ex2.xlsx]成绩表!B2",如图 3-39 所示。

图 3-38　工作表间引用数据

图 3-39　工作簿间引用数据

2．自动计算

利用"公式"选项卡中的"自动求和"按钮 ∑ 或在状态栏上右击,无须公式即可自动计算一组数据的累加和、平均值、统计个数、最大值和最小值等。自动计算既可以计算相邻的数据区域,也可以计算不相邻的数据区域;既可以一次进行一个公式计算,也可以一次进行多个公式计算,如图 3-40 所示。

3．公式的输入

每个公式均以 ＝ 开头,后跟运算式或函数式,公式中有运算符和数据参数。运算符包括以下几种。

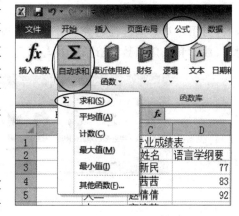

图 3-40　自动计算

算术运算符:＋、一、＊、/、^、％等。

关系运算符:＝、＞、＜、＞＝、＜＝、＜＞。

字符串连接运算符:&。

运算符具有优先级,表 3-1 按运算符优先级从高到低列出各运算符及其功能。

表 3-1　常用运算符

运　算　符	功　　能	举　　例
一	负号	一6、一A6
％	百分号	50％(即 0.5)
＊、/	乘、除	8＊2、8/3
＋、一	加、减	6＋2、6一2
&	字符串连接	"CHINA"&"2008"(结果为"CHINA2008")
＝、＜＞	等于、不等于	6＝2 的值为假,6＜＞2 的值为真
＞、＞＝	大于、大于等于	6＞2 的值为真,6＞＝的值为真
＜、＜＝	小于、小于等于	6＜2 的值为假,6＜＝2 的值为真

操作要求：在 ex1 工作簿"成绩汇总"工作表中计算学生的总成绩。

输入公式的方法如下。

单击要插入公式的单元格 H3,输入"＝",再单击要进行计算的第一个单元格 D3,接着输入＋运算符,然后单击第二个单元格 E3;接着输入＋运算符,然后再单击第三个单元格 F3;接着输入＋运算符,再单击第四个单元格 G3。输入公式后,按 Enter 键即可,如图 3-41 所示。也可以在编辑栏里直接输入公式。

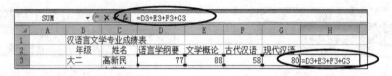

图 3-41　输入公式

4. 函数

一些复杂运算如果由用户自己来设计公式计算将会很麻烦,Excel 提供了许多内置函数,为用户对数据进行运算和分析带来极大方便。这些函数涵盖范围包括财务、日期和时间、数学和三角函数、统计、查找与引用等,如图 3-42 所示。

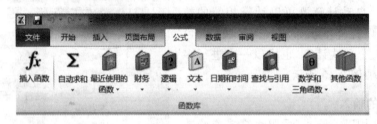

图 3-42　函数

1) 函数结构

一个函数包括函数名和参数两部分,函数的语法格式如下。

函数名称(参数 1,参数 2,…)

函数名用来描述函数的功能,函数参数可以是常量、单元格、区域、区域名、公式或其他函数等,给定的参数必须能产生有效的值。函数参数要用括号括起来,即使一个函数没有参数,也必须加上括号。函数的多个参数之间用逗号(,)分隔。如果函数的参数是文本,该参数要用英文的双引号括起来。

2) 直接输入函数

选定要输入函数的单元格,输入"＝",在后面输入函数名并设置好相应函数的参数,按 Enter 键完成输入。

例如,要在成绩汇总表中的 H3 单元格中计算区域 D3:G3 中所有单元格值的总和。首先选定 H3 单元格,直接输入"＝SUM(D3:G3)",然后按 Enter 键。

3) 插入函数

操作要求：在 ex1 工作簿的"成绩汇总"工作表中计算学生的总成绩,然后保存退出。

　　当用户不了解函数格式和参数设置的相关信息时,可使用如下方式插入函数。

　　(1) 打开 ex1 工作簿,选中"成绩汇总"表的 H3 单元格,单击公式编辑栏进入编辑状态,输入"=",单击编辑栏中的"插入函数"按钮或单击"公式"选项卡中的"插入函数"按钮,如图 3-43 所示。

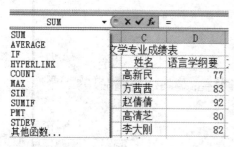

图 3-43　"插入函数"菜单

　　弹出"插入函数"对话框,在"选择函数"列表中选择 SUM 函数,如图 3-44 所示,单击"确定"按钮。

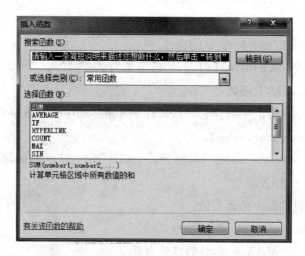

图 3-44　在"插入函数"对话框选择 SUM 函数

　　(2) 在弹出的"函数参数"对话框中单击 Number1 后面的折叠按钮,用鼠标拖动选择单元格区域 D3:G3,单击折叠按钮,恢复对话框,如图 3-45 所示,然后单击"确定"按钮。计算结果显示在 H3 单元格中。

　　4) 常用函数的介绍

　　由于 Excel 的函数非常多,因此本书仅介绍几种比较常用函数的使用方法,其他函数更详细的信息可以从 Excel 的在线帮助中获取。下面简单介绍一些常用的函数。

　　(1) 求和——SUM 函数

　　功能:返回某一单元格区域中所有数据的和。

　　格式:SUM(number1,number2,…)。

　　应用举例:公式=SUM(1,2,3)的结果为 6。

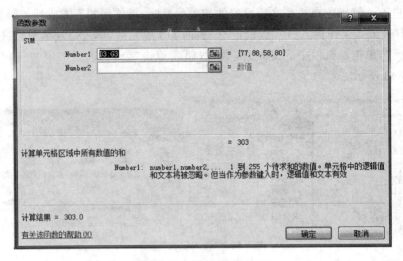

图 3-45　"函数参数"对话框

（2）求平均值——AVERAGE 函数

功能：计算某一单元格区域中所有数据的平均值。

格式：AVERAGE(number1,number2,…)。

应用举例：公式=AVERAGE(1,2,3)的结果为 2。

（3）计数——COUNT 函数

功能：返回数字参数的个数。它可以统计单元格区域中含有数字的单元格个数。

格式：COUNT(value1,value2,…)。

应用举例：A1=1,A2=2,A3=3,则公式=COUNT(A1:A3)的结果为 3。

（4）最大值——MAX 函数

功能：返回一组数据中的最大值。

格式：MAX(number1,number2,…)。

应用举例：公式=MAX(1,9,3)的结果为 9。

（5）最小值——MIN 函数

功能：返回一组数据中的最小值。

格式：MIN(number1,number2,…)。

应用举例：公式=MIN(1,9,3)的结果为 1。

（6）判断真假——IF 函数

功能：执行真假判断,根据逻辑计算的真假值,返回不同的结果。

格式：IF(logical_test,value_if_true,value_if_false)。

应用举例：在"成绩汇总"表 I3 单元格中给出等级评定,要求综合成绩大于 300 分的为优,否则为良,在 I3 单元格输入公式"=IF(H3>300,"优","良")",单击"确定"按钮,结果如图 3-46 所示。

图 3-46　IF 函数的计算结果

任务 5：数据的管理

Excel 提供了数据排序、筛选、汇总等数据管理功能，便于对数据进行管理与分析。

1. 排序

对数据进行排序是数据分析不可缺少的组成部分，排序有助于快速直观地显示数据和查找数据。Excel 提供了按数字大小顺序、按字母顺序排序、按颜色排序 3 种排序。数据排序是按一定的规则把一列或多列无序的数据变成有序的数据。

1）简单排序

操作要求：打开"Excel 素材\Excel 项目"中的 ex1 工作簿，在工作簿"成绩汇总"工作表中按"语言学纲要"从小到大排序。

简单排序是按一个字段排序，选中数据区域排序列的单元格。

（1）选中 D3：D25 的单元格区域。

（2）在"开始"选项卡中选择"编辑"→"排序和筛选"→"升序"命令，如图 3-47 所示。

图 3-47　排序下拉菜单

（3）弹出"排序提醒"对话框，如图 3-48 所示，在对话框中选中"扩展选定区域"单选按钮，单击"排序"按钮，即可将所选单元格区域升序排列，如图 3-49 所示。

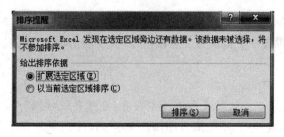

图 3-48　"排序提醒"对话框

	A	B	C	D	E
1	汉语言文学专业成绩表				
2	年级	姓名	语言学纲要	文学概论	古代汉语
3	大二	朱玲	64	73	78
4	大三	张彬	65	76	68
5	大二	周昊	68	72	62
6	大二	陆源东	76	65	74
7	大二	高新民	77	88	58
8	大三	姜亦农	77	54	79
9	大三	刘玲	78	90	82
10	大三	林媛媛	79	77	67
11	大三	陈珉	79	77	83
12	大三	高清芝	80	90	90
13	大三	赵大龙	80	77	63
14	大二	李大刚	82	58	66
15	大三	方茜茜	83	85	75
16	大三	林海涛	85	66	91
17	大三	郭启浩	85	68	58

图 3-49　升序排序结果

2) 复杂排序

操作要求：在 ex1 工作簿的"成绩汇总"工作表中以"语言学纲要"为主要关键字、"文学概论"为次要关键字、"古代汉语"为次要关键字,都按照从小到大排序。

在数据列表中使用复杂排序可以实现对多个字段数据进行同时排序。这多个字段也称为多个关键字,通过设置主要关键字和次要关键字,来确定数据排序的优先级。

(1) 选中 B2:G25 的单元格区域。

(2) 在"开始"选项卡中选择"编辑"→"排序和筛选"→"自定义排序"命令,如图 3-50 所示。

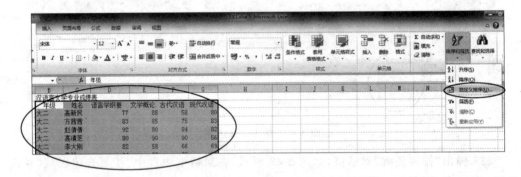

图 3-50　自定义排序

(3) 弹出"排序"对话框,如图 3-51 所示,在对话框中添加条件,并在主要关键字中设置语言学纲要,次要关键字中依次为文学概论、古代汉语。单击"确定"按钮,结果如图 3-52 所示。

3) 自定义排序

操作要求：在复杂排序的结果中进一步排序,要求年级按照"大二""大三"来排列。

如果排序的要求复杂点,不按照升序降序来排列,按照某种排列好的序列来排列,可以采用自定义排序。

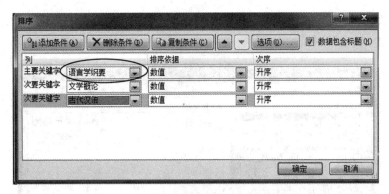

图 3-51　在"排序"对话框中设置复杂排序

	A	B	C	D	E	F	G
1		汉语言文学专业成绩表					
2		年级	姓名	语言学纲要	文学概论	古代汉语	现代汉语
3		大二	朱玲	64	73	78	56
4		大三	张彬	65	76	68	76
5		大二	周昊	68	72	62	86
6		大二	陆源东	76	65	74	89
7		大三	姜亦农	77	54	79	86
8		大二	高新民	77	88	58	80
9		大三	刘玲	78	90	82	89
10		大三	林媛媛	79	77	67	87
11		大三	陈珉	79	77	83	79
12		大三	赵大龙	80	77	63	77
13		大二	高清芝	80	90	90	56
14		大二	李大刚	82	58	66	69
15		大二	方茜茜	83	85	75	83
16		大三	林海涛	85	66	91	64

图 3-52　自定义排序结果

（1）选中 B2:G25 的单元格区域。

（2）在"开始"选项卡中选择"编辑"→"排序和筛选"→"自定义排序"命令，如图 3-50 所示。

（3）弹出"排序"对话框，如图 3-53 所示，在对话框中添加条件，并在主要关键字中设置列 B。在"次序"下拉列表框中选择"自定义序列"选项。

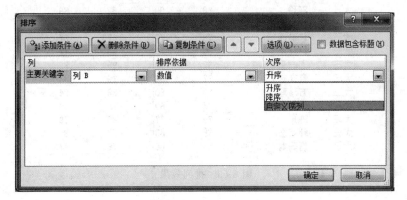

图 3-53　"排序"对话框

（4）在弹出的"自定义序列"对话框中输入"大二""大三"，如图 3-54 所示，单击"添加"按钮，单击"确定"按钮。

图 3-54　"自定义序列"对话框

（5）到"排序"对话框中单击"确定"按钮，如图 3-55 所示，列 B 将按照"大二""大三"顺序排列。

B	C	D	E	F	G
汉语言文学专业成绩表					
年级	姓名	语言学纲要	文学概论	古代汉语	现代汉语
大二	高新民	77	88	58	80
大二	方茜茜	83	85	75	83
大二	赵倩倩	92	80	84	82
大二	高清芝	80	90	90	56
大二	李大刚	82	58	66	69
大二	朱玲	64	73	78	56
大二	陆源东	76	65	74	89
大二	徐文斌	86	79	81	73
大二	刘懿玲	95	83	64	86
大二	李娟	88	92	90	95
大二	周昊	68	72	62	86
大二	张彬	65	76	68	76
大二	刘玲	78	90	82	89
大三	林海涛	85	66	91	64
大三	林媛媛	79	77	67	87
大三	赵大龙	80	77	63	77
大三	王一平	92	90	95	82
大三	姜亦农	77	54	79	86
大三	方珍珍	89	80	88	84
大三	朱玲玲	93	69	72	80
大三	陈珉	79	77	83	79
大三	郭启浩	85	68	58	80
大三	唐莳君	86	66	76	77

图 3-55　排列效果

2. 筛选

筛选是指从数据清单中查找和分析符合特定条件的数据记录的快捷方法，可以只显示满足指定条件的数据记录，将不满足条件的数据记录暂时隐藏起来。Excel 提供自动筛选和高级筛选两种方法，其中自动筛选比较简单，而高级筛选的功能强大，可以利用复杂的筛选条件进行筛选。

1）自动筛选

操作要求：打开"Excel 素材\Excel 项目"中的 ex1 工作簿，在 ex1 工作簿的"成绩汇总"工作表中找出"语言学纲要"成绩大于 90 分的记录。

（1）选中 D2 单元格。

（2）在"开始"选项卡中选择"编辑"→"排序和筛选"→"筛选"命令，如图 3-56 所示。

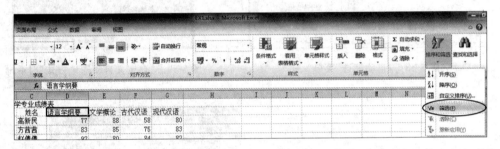

图 3-56　筛选

（3）Excel 会自动识别数据区，在列标题上添加下三角按钮，如图 3-57 所示。

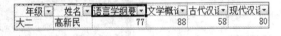

图 3-57　下拉按钮

（4）单击下三角按钮，打开"自动筛选"菜单，选择"数字筛选"→"大于"命令，如图 3-58 所示。

（5）弹出"自定义自动筛选方式"对话框，如图 3-59 所示，在其中按要求设置后单击"确定"按钮，结果如图 3-60 所示。

筛选的条件还可以复杂一些，如筛选出"语言学纲要"的成绩为 80～90 的记录，可以在"自定义自动筛选方式"对话框中添加多个条件，如图 3-61 所示。

2）高级筛选

自动筛选可以实现同一列之间的"或"运算和"与"运算。通过多次自动筛选，也可以实现不同列之间的"与"计算，但却无法实现多个列之间的"或"运算。高级筛选是针对复杂条件的筛选。利用它可以从数据清单中按照某些复杂的条件来查找符合条件的记录，操作过程简单，关键是写好筛选条件。编写筛选条件时要先划分一片条件区域，条件区域可以选择数据清单以外的任何空白处，只要空白的空间足以放下所有条件就可以。编写条件时要遵守的规则如下。

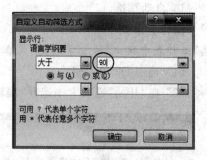

图 3-58　"自动筛选"菜单　　　　　图 3-59　"自定义自动筛选方式"对话框

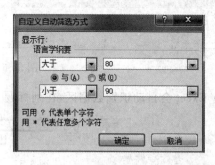

汉语言文学专业成绩表		
年级	姓名	语言学纲要
大二	赵倩倩	92
大二	刘懿玲	95
大三	王一平	92
大三	朱玲玲	93

图 3-60　筛选结果　　　　图 3-61　在"自定义自动筛选方式"对话框中设置更多条件

(1) 要在条件区域的第一行写上条件中用到的字段名,例如 ex1 中"成绩汇总"工作表中的"语言学纲要""文学概论""古代汉语""现代汉语"是数据清单中列的名称。在条件区域的第一行一定要写列的名称,而且列的名称一定要写在同一行。

(2) 条件的标题要与数据表的原有标题完全一致。在列的名称行的下方编写筛选条件,条件的数据要和相应列的名称在同一列。

(3) 如果所用的逻辑条件有多个,则在编写条件时,要分析好条件之间是"与"关系还是"或"关系。如果是"与"关系,这些条件要写到同一行中;如果是"或"关系,这些条件要写到不同的行中。

操作要求:在 ex1 工作簿"成绩汇总"工作表中将"语言学纲要"成绩大于 90 分或"现代汉语"成绩大于 80 分的记录复制到 I10 单元格存放。

(1) 打开 ex1 工作簿,在"成绩汇总"工作表的 I16:J18 中建立条件区域,如图 3-62 所示。

(2) 将光标定位在数据区,在"数据"选项卡的"排序和筛选"组中,单击"高级"按钮,如图 3-63 所示。

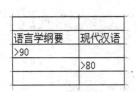

图 3-62   高级筛选条件区域

图 3-63   "排序和筛选"组

（3）在弹出的"高级筛选"对话框中选中"将筛选结果复制到其他位置"单选按钮，其他按照图 3-64 来设置，然后单击"确定"按钮。筛选的结果从 I10 开始存放。

要取消高级筛选，可单击"排序和筛选"组中的"清除"按钮，清除筛选条件即可。

3. 分类汇总

分类汇总其实就是对数据进行分类统计，也可以称它为分组计算。分类汇总是对数据清单中的某一字段进行求和、求平均值等操作，可以使数据变得清晰易懂。分类汇总建立在已排序的基础上，即在执行分类汇总之前，首先要对分类字段进行排序，把同类数据排列在一起。

操作要求：打开"Excel 素材\Excel 项目"中的 ex1 工作簿，在 ex1 工作簿的"成绩汇总"工作表中分类汇总各年级"现代汉语"的平均分，汇总结果显示在数据下方。

（1）打开 ex1 工作簿，在"成绩汇总"工作表单击任意有数据的单元格。

（2）在"数据"选项卡的"排序和筛选"组中单击"排序"按钮，设置"主要关键字"为"年级"，单击"确定"按钮。

（3）在"数据"选项卡的"分级显示"组中单击"分类汇总"按钮，弹出"分类汇总"对话框。

（4）在"分类汇总"对话框中，设置"分类字段"为"年级""汇总方式"为"平均值"，在"选定汇总项"中选中"现代汉语"复选框。再选中"替换当前分类汇总"复选框，使新的分类汇总替换数据表中原有的分类汇总。选中"汇总结果显示在数据下方"复选框，可在数据下方显示汇总数据的平均值，如图 3-65 所示。

图 3-64   "高级筛选"对话框

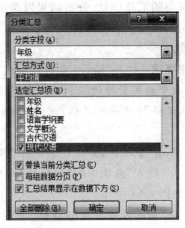

图 3-65   分类汇总

(5) 单击"确定"按钮,即可得到分类汇总的数据显示效果,如图 3-66 所示。

	A	B	C	D	E	F	G
2		年级	姓名	语言学纲要	文学概论	古代汉语	现代汉语
3		大二	高新民	77	88	58	80
4		大二	方茜茜	83	85	75	83
5		大二	赵倩倩	92	80	84	82
6		大二	高清芝	80	90	90	56
7		大二	李大刚	82	58	66	69
8		大二	朱玲	64	73	78	56
9		大二	陆源东	76	65	74	89
10		大二	徐文斌	86	79	81	73
11		大二	刘懿玲	95	83	64	86
12		大二 平均值					74.88889
13		大三	张彬	65	76	68	76
14		大三	刘玲	78	90	82	89
15		大三	林海涛	85	66	91	64
16		大三	林媛媛	79	77	67	87
17		大三	赵大龙	80	77	63	77
18		大三	王一平	92	90	95	82
19		大三	姜亦农	77	54	79	86
20		大三	方珍珍	89	80	88	84
21		大三	朱玲玲	93	69	72	80
22		大三	陈珉	79	77	83	79
23		大三 平均值					80.4
24		总计平均值					77.78947

图 3-66   分类汇总效果图

(6) 分类汇总完成后,在工作表左端自动产生分级显示控制符,汇总后的数据表一般显示为三级,其中,1、2、3 为分级编号,＋、－为分级分组标记,单击分级分组标记,可选择分级显示,单击表格左侧的 1 按钮只显示总计数据项,单击 2 按钮则显示各项分类汇总数据,单击 3 按钮则显示所有数据。

4. 数据透视表

数据透视表是一种可以快速汇总、分析大量数据表格的交互式工具。使用数据透视表可以按照数据表格的不同字段从多个角度进行透视,并建立交叉表格,用以查看数据表格不同层面的汇总信息、分析结果以及摘要数据。

使用数据透视表可以深入分析数值数据,以帮助用户发现关键数据,并做出对关键数据的决策。

操作要求:打开"Excel 素材\Excel 项目"中的 ex1 工作簿,在 ex1 工作簿的"成绩汇总"工作表中利用数据透视表功能实现按年级(大二、大三)情况对"语言学纲要""文学纲要""古代汉语"和"现代汉语"进行平均值汇总,结果在新工作表中显示,保存并退出工作簿。

(1) 单击"成绩汇总"工作表中任意数据单元格。

(2) 在"插入"选项卡的"表格"组中单击"数据透视表"按钮,弹出"创建数据透视表"对话框,如图 3-67 所示。

(3) 在"请选择要分析的数据"下选中"选择一个表或区域"单选按钮,选择整张表。在"选择放置数据透视表的位置"下选中"新工作表"单选按钮,单击"确定"按钮。

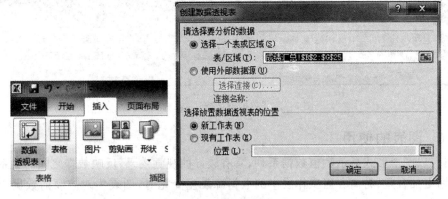

图 3-67　创建数据透视表

（4）在生成空白数据透视表的同时打开"数据透视表字段列表"任务窗格，在"选择要添加到报表的字段"列表框中选中"年级""语言学纲要""文学概论""古代汉语""现代汉语"复选框，如图 3-68 所示。

（5）在"数值"下拉列表框中选择"值字段设置"选项，弹出"值字段设置"对话框，如图 3-69 所示，在"计算类型"中选择"平均值"，单击"确定"按钮。

图 3-68　"数据透视表字段列表"任务窗格

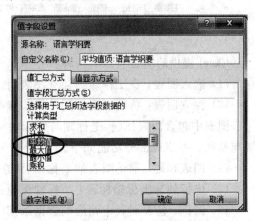

图 3-69　"值字段设置"对话框

（6）根据"值字段设置"对话框进一步设置其他项，结果如图 3-70 所示。

行标签 ▼	平均值项:语言学纲要	平均值项:文学概论	平均值项:古代汉语	平均值项:现代汉语
大二	81	78.63636364	74.72727273	77.72727273
大三	82.33333333	74.16666667	76.83333333	80.08333333
总计	81.69565217	76.30434783	75.82608696	78.95652174

图 3-70　数据透视表效果图

在建立完数据透视表之后，可以对它进行格式化处理，如设置字体、颜色、小数位数等。单击数据透视表后，利用图 3-71 所示的工具设置样式即可。

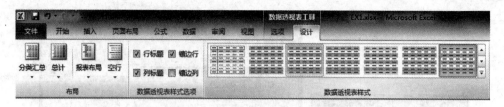

图 3-71　"数据透视表工具"选项卡

任务 6：图表的使用

图表以图形形式显示数值数据系列，具有较好的视觉效果，反映数据之间的关系和变化，数据更加直观、易懂。当工作表中的数据源发生变化时，图表中对应项的数据也自动更新。

Excel 2010 提供的图表类型包括柱状图、折线图、饼图、条形图、面积图、散点图、股价图、曲面图、圆环图、气泡图和雷达图，共 11 大类标准图表，如图 3-72 所示，有二维图表和三维图表，可以选择多种类型图表创建组合图。

图 3-72　图表类型

Excel 提供的图表有以下两种。

(1) 嵌入图表：在工作表内建立图表，将图表作为数据的补充说明。

(2) 独立图表：将图表置于同一工作簿的一张特殊的工作表中，与工作表并存。

图表中包含图表标题、坐标轴与坐标轴标题、图例、绘图区、数据系列、网格线和背景墙与基底。各组成部分功能如下。

(1) 图表标题：描述图表的名称，默认在图表的顶端，可有可无。

(2) 坐标轴与坐标轴标题：坐标轴标题是 X 轴和 Y 轴的名称，可有可无。

(3) 图例：包含图表中相应的数据系列的名称和数据系列在图中的颜色。

(4) 绘图区：以坐标轴为界的区域。

(5) 数据系列：一个数据系列对应工作表中选定区域的一行或一列数据。

(6) 网格线：从坐标轴刻度线延伸出来并贯穿整个"绘图区"的线条系列，可有可无。

(7) 背景墙与基底：三维图表中会出现背景墙与基底，是包围在许多三维图表周围的区域，用于显示图表的维度和边界。

1. 插入图表

操作要求：打开"Excel 素材\Excel 项目"中的 ex1 工作簿，在 ex1 工作簿的"成绩汇总"工作表中利用数据创建一张反映大二学生"现代汉语"的成绩折线图。嵌入当前工作表中，图表标题为"现代汉语成绩"，不显示图例。

(1) 在"成绩汇总"工作表中，选中 C3:C13 单元格，按住 Ctrl 键，再选中 G3:G13 单元格。

（2）在"插入"选项卡的"图表"组中单击"折线图"按钮，如图 3-73 所示。

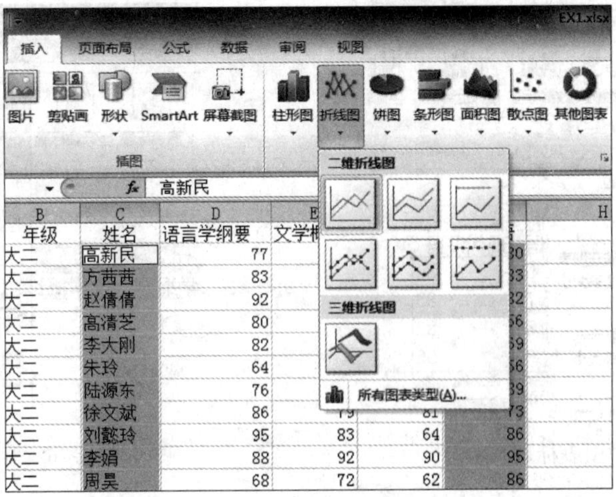

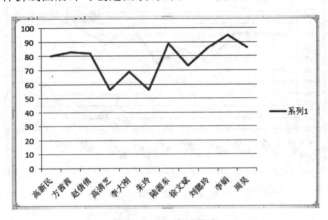

图 3-73　插入折线图

（3）选择一种折线图后即可创建图表，如图 3-74 所示。

图 3-74　折线图图表

2. 编辑图表

图表创建后用户还可以对图表中的"标题""系列""绘图区"等图表元素的布局进行再设计。

1）添加标题

（1）单击选中图表。

（2）在"图表工具|布局"选项卡中单击"图表标题"按钮，如图 3-75 所示，选择"图表上方"命令，在图表中显示的"图表标题"文本框中输入"现代汉语成绩"。

2）修改图例

（1）单击选中图表。

（2）在"图表工具"中的"布局"选项卡中单击"图例"按钮，如图 3-76 所示，选择"无"命令，图表中的图例自动消失。得到的效果图如图 3-77 所示。

图 3-75　"图表标题"菜单

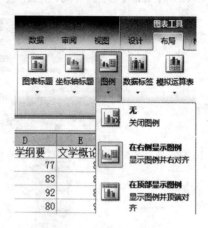

图 3-76　"图例"菜单

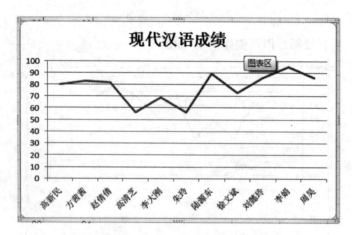

图 3-77　图表效果图

3. 图表格式化

用户还可通过"图表工具|格式"选项卡对图表进行格式化操作。

1) 设置图表背景

(1) 单击图表。

(2) 在"图表工具|格式"选项卡中单击"形状填充"按钮,如图 3-78 所示,选择"纹理"→"白色大理石"命令,得到的效果图如图 3-79 所示。

2) 设置图表标题格式

(1) 单击图表标题。

(2) 在"图表工具|格式"选项卡中单击"艺术字样式"按钮,如图 3-80 所示,选择"渐变填充-橙色-强调文字颜色 6,内部阴影"选项,得到的效果图如图 3-81 所示。

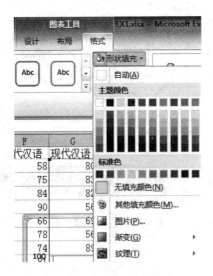

图 3-78　"形状填充"菜单

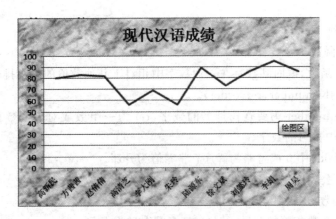

图 3-79　背景效果图

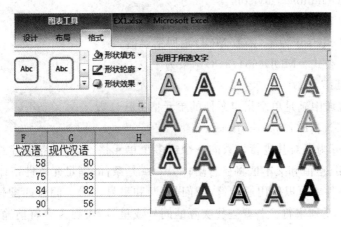

图 3-80　艺术字样式

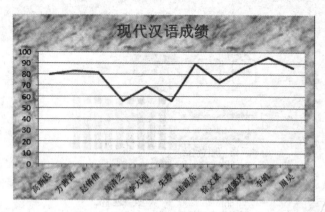

图 3-81　艺术字效果图

3.4　知识链接

1. 相关函数

1）RANK 函数

功能：排名函数，返回某数字在一列数字中相对于其他数值的大小排名。

格式：RANK(number,ref,order)。

参数：其中 number 为要查找排名的数字，ref 为一组数或对一个数据列表的引用，order 为在列表中排名的数字。

说明：在 order 中 0 或忽略为降序；非零值为升序。

应用举例：公式＝RANK(B3,＄B＄3:＄B＄12,0)。

2）MOD 函数

功能：返回两数相除的余数，结果的正负号与除数相同。

格式：MOD(number,divisor)。

参数：其中 number 为被除数，divisor 为除数。

说明：如果 divisor 为零，函数 MOD 返回错误值。

应用举例：公式＝MOD(65473,3)结果为 1。

3）COUNTIF 函数

功能：对区域中满足单个指定条件的单元格进行计数。

格式：COUNTIF(range,criteria)。

参数：range 为要对其进行计数的一个或多个单元格，其中包括数字或名称、数组或包含数字的引用，空值和文本值将被忽略；criteria 是条件，满足此条件则计数。

说明：在条件中可以使用通配符，即问号(?)和星号(＊)。问号匹配任意单个字符，星号匹配任意一系列字符。若要查找实际的问号或星号，需在该字符前输入波形符(~)。条件不区分大小写。

应用举例：输入公式“＝COUNTIF(A2:J3,">70")”，假定区域内有 5 个数大于 70，则返回 5。

4) SUMIF 函数

功能：条件求和函数，在"条件数据区"查找满足"条件"的单元格，计算满足条件的单元格对应于"求和数据区"中数据的累加和。

格式：SUMIF(range,criteria,sum_range)。

参数：其中 range 为条件数据区，criteria 为条件，sum_range 为求和数据区。

说明：在条件中可以使用通配符，即问号(?)和星号(＊)。问号匹配任意单个字符，星号匹配任意一系列字符。若要查找实际的问号或星号，需在该字符前输入波形符(~)。条件不区分大小写。

应用举例：公式＝SUMIF(B3:B8,"开发部",C3:C4)的结果是计算开发部人员的工资之和。

2. 数据透视图

数据透视图是数据透视表的图形化表示工具，它能准确地显示相应数据透视表中的数据，使得数据透视表中的信息以图形的方式更加直观、更加形象地展现在用户面前。

1) 创建数据透视图

创建数据透视图的方式主要有 3 种。

(1) 在数据透视表中选择任意单元格，然后单击"数据透视表工具|选项"选项卡"工具"组中的"数据透视图"按钮，如图 3-82 所示。

图 3-82　"数据透视图|选项"选项卡

(2) 数据透视表创建完成后选择"插入"选项卡，在"图表"组中也可以选取相应的图表类型创建数据透视图。

(3) 如果还没有创建数据透视表，单击数据源数据中的任一单元格，在"插入"选项卡中选择"表格"→"数据透视图"→"数据透视图"命令，如图 3-83 所示，Excel 将同时创建一张新的数据透视表和一张新的数据透视图。

2) 编辑数据透视图

(1) 更改图表类型。选中数据透视图，单击"设计"选项卡中的"更改图表类型"按钮，如图 3-84 所示，在弹出的对话框中选择需要的图形类型，如图 3-85 所示，单击"确定"按钮，即可更改数据透视图的类型。

图 3-83　"数据透视图"菜单

图 3-84　数据透视表工具

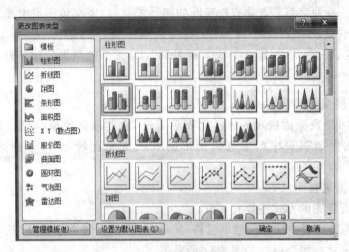

图 3-85　"更改图表类型"对话框

(2) 更改布局和图表样式。选中数据透视图,单击"设计"选项卡中的"图表布局"按钮,可以更改数据透视图的布局;单击"图表样式"按钮,还可以快速更改数据透视图的显示样式,如图 3-86 所示。

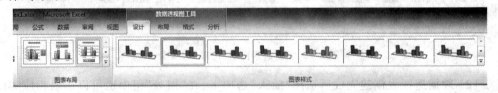

图 3-86　图表布局及图表样式

3.5　Excel 案例强化

根据"Excel 素材\Excel 案例强化"文件夹中的 ex2 文件提供的数据,制作如图 3-98 所示的图表,具体要求如下。

(1) 在工作表"成绩表"的 F 列中,利用公式分别计算各位学生的总分(总分为数学、语文和英语分数之和)。

操作步骤如下。

① 打开"Excel 素材\Excel 案例强化"文件夹中的 ex2 文件。

② 单击 F3 单元格,在"开始"选项卡的"编辑"组中单击 Σ 自动求和 ▾ 按钮。

③ 此时 C3:E3 单元格区域的周围会默认有流动的边框,如图 3-87 所示,按 Enter 键即可。

图 3-87　自动求和

④ 单击 F3 单元格,将鼠标指针移至 F3 单元格的右下角,使鼠标指针处于填充柄状态,双击即可填充 F4:F25 单元格区域中的数据。

(2) 在"成绩表"工作表的 G 列中,利用函数标注等级情况(总分大于等于 240 时为"优良",否则为"合格")。

操作步骤如下。

① 单击"成绩表"工作表中 G3 单元格。

② 在"公式"选项卡的"函数库"组中单击"插入函数"按钮。

③ 在弹出的"插入函数"对话框中选择"常用函数",选择 IF 函数,如图 3-88 所示,单击"确定"按钮。

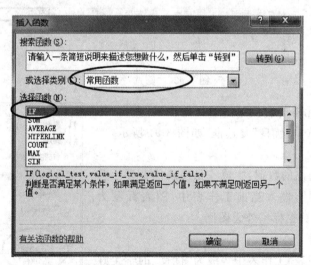

图 3-88　在"插入函数"对话框中选择 IF 函数

④ 在弹出的"函数参数"对话框中按图 3-89 所示进行设置,单击"确定"按钮。

⑤ 单击 G3 单元格,将鼠标指针移至 G3 单元格的右下角,使鼠标指针处于填充柄状态,双击即可填充 G4:G25 单元格区域中的数据。

(3) 在"成绩表"工作表中,利用自动筛选功能,筛选出优良等级的学生记录。

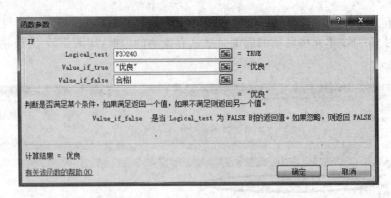

图 3-89　"函数参数"对话框设置参数

操作步骤如下。

① 单击"成绩表"工作表中 G2 单元格。

② 在"数据"选项卡的"排序和筛选"组中单击"筛选"按钮,如图 3-90 所示。

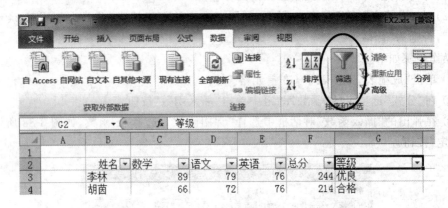

图 3-90　"筛选"按钮

③ 在 G2 单元格的右侧单击下三角按钮,弹出"筛选条件"对话框,选中"优良"复选框,如图 3-91 所示,单击"确定"按钮。

(4) 根据筛选出的数据,生成一张反映优良学生总分的"簇状柱形图",嵌入当前工作表中,图表标题为"优良学生成绩",数据标签外无图例。

操作步骤如下。

① 选中"成绩表"工作表中等级为"优良"的学生姓名和总分单元格区域。

② 在"插入"选项卡的"图表"组中选择"柱形图"→"簇状柱形图"命令,如图 3-92 所示。

③ 生成如图 3-93 所示的图表。单击图表,在"图表工具 | 布局"选项卡中单击"图表标题"按钮,如

图 3-91　"筛选条件"对话框

图 3-94 所示,选择"图表上方"命令,在图表中显示的"图表标题"文本框中输入"优良学生成绩"。

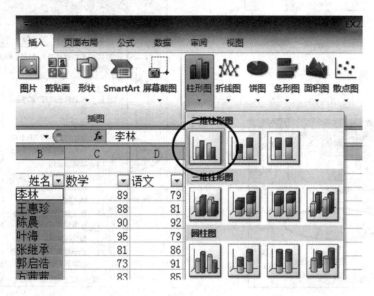

图 3-92　柱形图下拉框

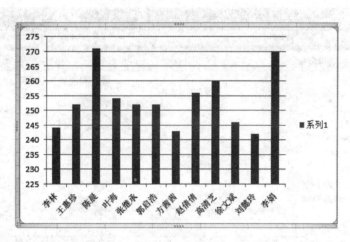

图 3-93　图表

④ 在"图表工具|布局"选项卡中单击"图例"按钮,如图 3-95 所示,选择"无"选项,图表中的图例自动消失。

⑤ 在"图表工具"中的"布局"选项卡中选择"数据标签"→"数据标签外"命令,如图 3-96 所示,图表中出现数据标签。

(5) 将工作簿保存为 ex2. xlsx 文件,存放于"Excel 案例强化"文件夹中。

操作步骤如下。

① 选择"文件"→"另存为"命令,弹出"另存为"对话框,如图 3-97 所示。

图 3-94　图表标题

图 3-95　图例

图 3-96　数据标签

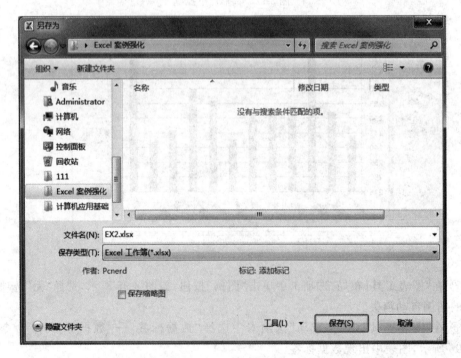

图 3-97　"另存为"对话框

② 在图 3-97 所示对话框中,将保存位置设置为"Excel 案例强化",在"文件名"框中输入 ex2,将"保存类型"更改为" Excel 工作簿(∗.xlsx)",单击"保存"按钮。

最终效果如图 3-98 所示。

图 3-98　Excel 效果图

3.6　Excel 综合实训

Excel 综合实训（一）

根据"Excel 素材\Excel 综合实训"文件夹中的 ex3.xlsx 文件提供的数据，制作如图 3-99 样张所示的图表，具体要求如下。

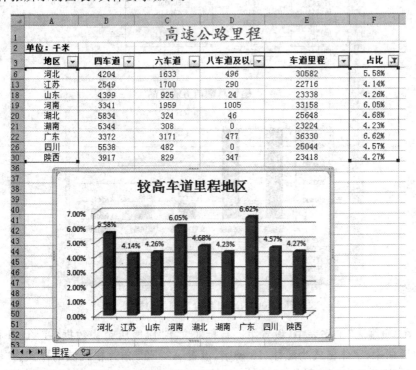

图 3-99　Excel 综合实训（一）样张

（1）将 Sheet1 工作表改名为"里程"，并删除 Sheet2 工作表。

（2）在"里程"工作表中，设置第一行标题文字"高速公路里程"在 A1：F1 单元格区域合并后居中，字体为华文楷体、22 磅字、标准色-蓝色。

（3）在"里程"工作表的 B35：D35 单元格中，分别计算 B、C、D 三列的总计值。

（4）在"里程"工作表的 E 列中，利用公式计算各地区的车道里程（车道里程＝四车道＊4＋六车道＊6＋八车道及以上＊8）。

（5）在"里程"工作表的 F4：F34 单元格中，利用公式计算各地区车道里程的占比，结果以带 2 位小数的百分比格式显示（占比＝车道里程/车道里程总计，要求使用绝对地址引用车道里程总计值）。

（6）在"里程"工作表中，筛选出"占比"超过 4％的记录。

（7）参考样张，在"里程"工作表中，根据筛选出的占比数据，生成一张"三维簇状柱形图"，嵌入当前工作表中，图表上方标题为"较高车道里程地区"，无图例，显示数据标签。

（8）将工作簿以文件名 ex3.xlsx 保存在"Excel 综合实训"文件夹中。

Excel 综合实训（二）

根据"Excel 素材\Excel 综合实训"文件夹中的 ex4.xlsx 文件提供的数据，制作如图 3-100 样张所示的图表，具体要求如下。

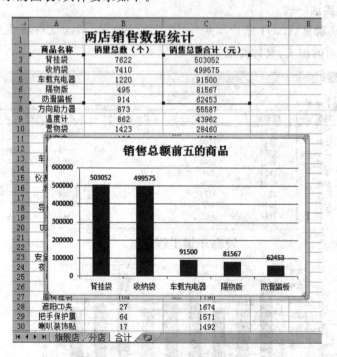

图 3-100　Excel 综合实训（二）样张

（1）在"旗舰店"工作表中，设置第一行标题文字"旗舰店销售数据"在 A1：F1 单元格区域合并后居中，字体格式为黑体、18 磅字，设置 A2：F32 单元格区域的样式为"输出"。

（2）在"旗舰店"工作表的 A 列中，利用填充序列填充"编号"，样式形如"CZ-001，CZ-002，…，CZ-030"。

（3）在"旗舰店"工作表的 F 列中,利用公式计算各商品的实际售价(如参加优惠活动,则实际售价为单价减去 3 元,否则仍为单价)。

（4）在"分店"工作表中,将 A 列列宽设为 15 磅,设置 A3:A32 单元格区域所有文本居中对齐。

（5）在"合计"工作表的 C 列中,利用公式计算各商品的销售总额合计(销售总额合计＝旗舰店销售总额＋分店销售总额,销售总额＝实际售价*销量)。

（6）在"合计"工作表中,将商品按照"销售总额合计"降序排序。

（7）参考样张,在"合计"工作表中,根据"销量总额合计"前五的商品,生成一张"簇状柱形图",嵌入当前工作表中,图表上方标题为"销售总额前五的商品"、16 磅字,无图例,显示数据标签、并放置在数据点结尾之外。

（8）将工作簿以文件名 ex4.xlsx 保存在"Excel 综合实训"文件夹中。

Excel 综合实训(三)

根据"Excel 素材\Excel 综合实训"文件夹中的 ex5.xlsx 文件提供的数据,制作如图 3-101 样张所示的图表,具体要求如下。

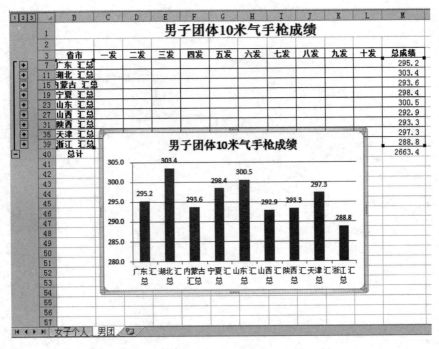

图 3-101　Excel 综合实训(三)样张

（1）在"女子个人"工作表中,设置第一行标题文字"女子个人 10 米气手枪成绩"在A1:O1 单元格区域合并后居中,字体格式为方正姚体、18 磅字、标准色-红色。

（2）在"女子个人"工作表的 H 列和 N 列中,利用公式计算每个运动员的成绩一和成绩二(成绩一为前五发成绩之和,成绩二为后五发成绩之和),结果以带 1 位小数的数值格式显示。

（3）在"女子个人"工作表的 O 列中,利用公式计算每个运动员的总成绩(总成绩＝成绩一＋成绩二)。

（4）删除"男团"工作表中的"成绩一""成绩二"列,并隐藏"运动员注册号"列。

（5）在"男团"工作表中,按照"省市"升序排序。

（6）在"男团"工作表中,按照"省市"进行分类汇总,统计各省市运动员的总成绩之和,汇总结果显示在数据下方。

（7）参考样张,在"男团"工作表中,根据分类汇总数据,生成一张反映各省、市、自治区男团总成绩的"簇状柱形图",嵌入当前工作表中,图表上方标题为"男子团体 10 米气手枪成绩"、16 磅字,无图例,显示数据标签,并放置在数据点结尾之外。

（8）将工作簿以文件名 ex5. xlsx 保存在"Excel 综合实训"文件夹中。

PowerPoint 2010 演示文稿制作软件

PowerPoint 2010 是 Office 2010 的组件之一,是微软公司推出的演示文稿制作软件。用户不仅可以在投影仪或者计算机上进行演示,也可以将演示文稿打印出来,制作成胶片,以便应用到更广泛的领域中。利用 PowerPoint 不仅可以创建演示文稿,还可以在互联网上召开面对面会议、远程会议或在网上给观众展示演示文稿。PowerPoint 文件的扩展名为.pptx,也可以保存为.pdf、图片格式等,还可以发布为网页格式。演示文稿中的每一页叫幻灯片,每张幻灯片都是演示文稿中既相互独立又相互联系的内容。

4.1 项目提出

调入"PowerPoint 素材\PowerPoint 项目"中的 Web.pptx 文件,参考如图 4-1 所示样张,按下列要求进行操作。

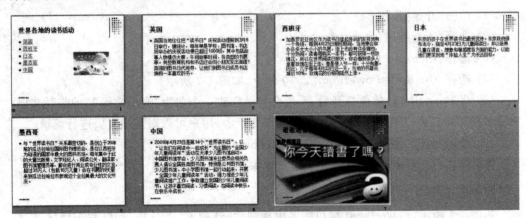

图 4-1 PowerPoint 参考样张

(1) 所有幻灯片应用设计模板 moban01.potx,并在幻灯片中插入自动更新的日期(样式为××××年××月××日)。

(2) 为第一张幻灯片中的文字"墨西哥"和"中国"创建超链接,分别指向具有相应标题的幻灯片。

(3) 设置第一张幻灯片中的图片高度为 5 厘米,宽度为 8 厘米,并为该图片设置心形动作路径、慢速,播放时伴有风铃声。

(4) 设置最后一张幻灯片的背景图片为 read.jpg,幻灯片切换效果为菱形、慢速。

(5) 将"读书背景"插入最后一张幻灯片的备注中。

(6) 将制作好的演示文稿以文件名 Web. pptx 保存在"PowerPoint 素材\PowerPoint 项目"中。

4.2 知识目标

(1) 掌握 PowerPoint 演示文稿的创建、打开、保存及关闭方法。

(2) 掌握幻灯片新建、删除、插入和复制的方法。

(3) 掌握幻灯片模板设计和格式的设置方法。

(4) 掌握在幻灯片中插入超链接、动作按钮、日期与编号、图片和艺术字等的方法。

(5) 掌握幻灯片切换和自定义动画的设置方法。

4.3 项目实施

任务 1: PowerPoint 2010 的基本操作

1. PowerPoint 2010 的启动和关闭

用户可以通过不同的方式打开 PowerPoint 2010,以下使用"开始"菜单打开 PowerPoint 2010,操作步骤如下。

(1) 单击"开始"按钮。

(2) 选择"所有程序"命令。

(3) 选择 Microsoft Office 命令。

(4) 选择 Microsoft PowerPoint 2010 命令,如图 4-2 所示。

(5) 当 PowerPoint 软件打开后,系统会自动创建一个名为"演示文稿 1"的临时文稿,文稿名称显示在窗口上方的标题栏上,如图 4-2 所示,用户可以对演示文稿进行编辑。

(6) 单击"关闭"按钮 ⊠ 即可关闭 PowerPoint,如图 4-3 所示。

注:如果幻灯片被修改,系统会提示用户保存。

2. PowerPoint 2010 窗口的组成

如图 4-4 所示,PowerPoint 窗口主要由标题栏、选项卡、工具栏、幻灯片编辑区、幻灯片列表区、视图按钮、备注区等组成。

(1) 标题栏:显示当前正在编辑的文档的名称,如"演示文稿 1"。

(2) 选项卡:在每个选项卡下有若干子选项卡或命令。

(3) 组:通常 PowerPoint 默认显示"开始"选项卡,每个工具组中的按钮都代表一个命令,可以完成一定的功能。

例如,"开始"选项卡中包含以下几组。

① "幻灯片"组中包含"新建幻灯片""版式""重设""节"按钮。

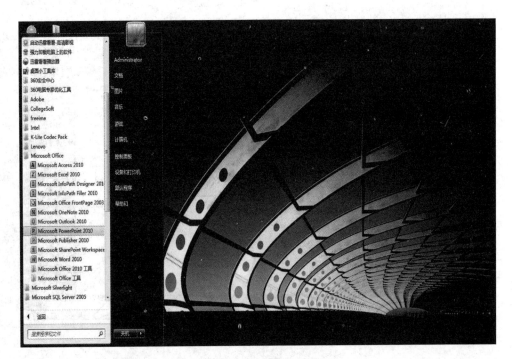

图 4-2 PowerPoint 2010 的启动

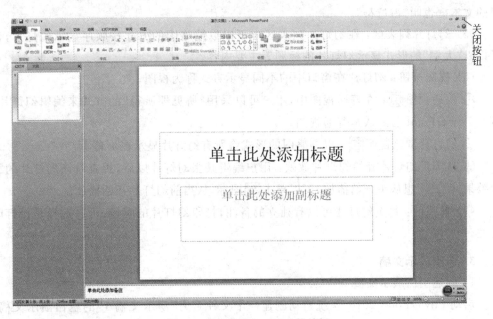

图 4-3 PowerPoint 2010 的关闭

② "字体"组包含"字体""加粗""斜体"和"字号"按钮。

③ "段落"组包含"文本右对齐""文本左对齐""两端对齐"和"居中"按钮。

④ "绘图"组中的绘图工具和 Office 其他软件中的类似,可以绘制一些简单的图形。

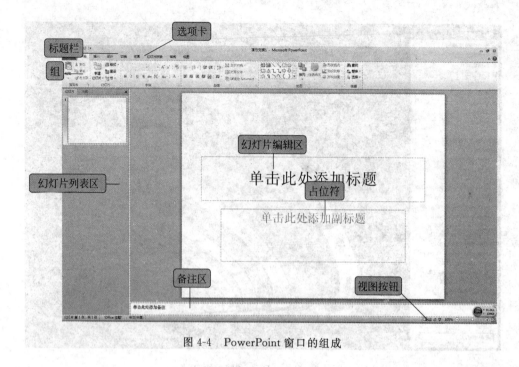

图 4-4　PowerPoint 窗口的组成

（4）幻灯片编辑区：在幻灯片编辑区内用户可以对幻灯片进行编辑，幻灯片编辑区里的文本框也叫"占位符"。

（5）幻灯片列表区：在幻灯片列表区中可以以缩略图的方式按顺序显示幻灯片，也可以以"大纲"的形式显示幻灯片的标题等主要内容。

（6）视图按钮：幻灯片在窗口中的不同显示方式称为视图。

① 普通视图🔲：在普通视图中，用户可以采用"所见即所得"的方式来编辑幻灯片，打开 PowerPoint 后默认是普通视图。

② 幻灯片浏览视图🔡：以缩略图的形式将所有幻灯片显示在屏幕上。

③ 从当前幻灯片开始幻灯片放映：用户编辑某张幻灯片以后，想查看该幻灯片的放映效果，但又不想从头开始播放，可以单击🔲图标，从当前幻灯片开始播放。

（7）备注区：每页幻灯片可以有独立的备注，打印幻灯片的时候，可以选择是否打印备注。

3. 创建演示文稿

1）创建空白演示文稿

启动 PowerPoint 2010，系统自动创建一个文件名为"演示文稿 1"的空白演示文稿，默认情况下，该演示文稿包含一张标题幻灯片。

2）根据模板创建演示文稿

在 PowerPoint 2010 中，可以根据模板新建演示文稿，操作步骤如下。

（1）启动 PowerPoint 2010，系统自动创建一个空白演示文稿，默认文件名为"演示文稿 1"，如图 4-5 所示。

图 4-5　新建演示文稿

(2) 在"开始"选项卡中单击"新建幻灯片"按钮。

(3) 选择"新建幻灯片"→"标题幻灯片"选项,如图 4-6 所示。

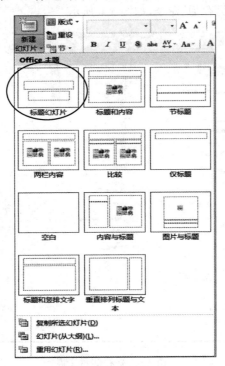

图 4-6　新建演示文稿窗格

（4）如果需要其他模板,可以选择"设计"选项卡中的模板,如图 4-7 所示；也可通过浏览主题将外部模板引用到幻灯片中。

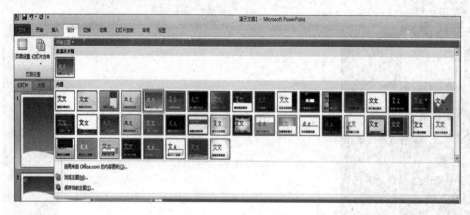

图 4-7　演示文稿模板

4. 打开、保存及关闭演示文稿

操作要求：打开"PowerPoint 素材\PowerPoint 项目"文件夹中的 Web1.pptx 演示文稿,将其保存为 Web.pptx 文件。

打开、保存及关闭演示文稿的操作步骤如下。

（1）双击素材中的 Web1.pptx,打开演示文稿界面。

（2）选择"文件"→"另存为"命令,如图 4-8 所示。

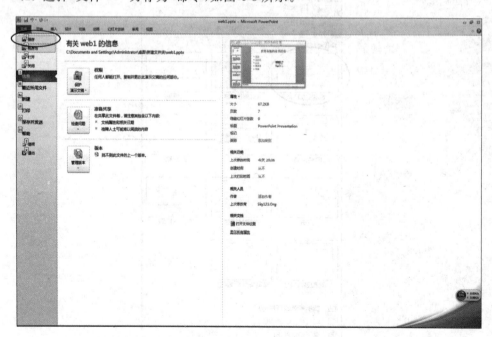

图 4-8　保存演示文稿

（3）在弹出的"另存为"对话框中，修改文件名为 Web，单击"保存"按钮，如图 4-9 所示。

图 4-9　"另存为"对话框

（4）新的文件名会在标题栏显示出来。

（5）要关闭演示文稿，单击 ⊠ 按钮，如图 4-10 所示。

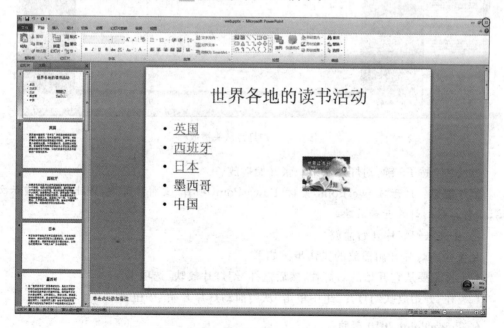

图 4-10　关闭演示文稿

5. 放映幻灯片

1) 从第一张幻灯片开始播放

幻灯片的播放有两种情况,一种是从头开始播放,另一种是从某张幻灯片开始播放。

操作要求:打开"PowerPoint 素材\PowerPoint 项目"文件夹中的 Web. pptx 演示文稿,从第一张幻灯片开始放映。

从第一张幻灯片开始播放的方法有以下两种。

方法一:

(1) 选择"幻灯片放映"选项卡。

(2) 在"开始放映幻灯片"组中单击"从头开始"按钮,如图 4-11 所示,幻灯片从第一张开始播放。

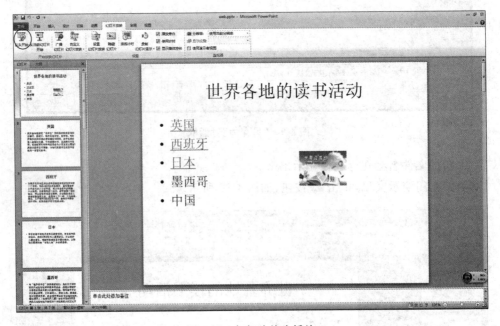

图 4-11　幻灯片从头播放

方法二:按 F5 键,幻灯片从第一张开始播放。

操作要求:打开"PowerPoint 素材\PowerPoint 项目"文件夹中的 Web. pptx 演示文稿,从第二张幻灯片开始放映。

2) 从某张幻灯片开始播放

从某张幻灯片开始播放的操作步骤如下。

(1) 选定要从它开始的幻灯片,然后选择"幻灯片放映"选项卡。

(2) 在"开始放映幻灯片"组中单击"从当前幻灯片开始"按钮。

6. PowerPoint 2010 帮助

用户在使用 PowerPoint 的过程中,如果遇到了问题,可以使用 PowerPoint 的帮助获取帮助信息,用户既可以从本机上获取帮助信息,还可以从互联网上获取。

（1）单击 PowerPoint 工作界面右上角的 ❓ 按钮,可以查看相关的帮助主题,如图 4-12 所示。

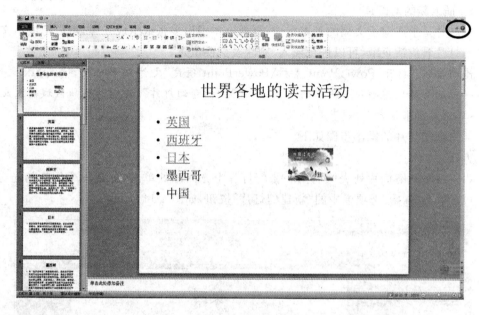

图 4-12　"帮助"按钮

（2）任务窗格会弹出相关帮助主题。

（3）单击与主题最密切的相关帮助,如图 4-13 所示。

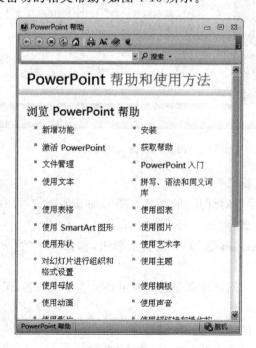

图 4-13　帮助窗口

（4）单击"关闭"按钮 ⊠，关闭帮助窗口。

任务 2：幻灯片的基本操作

1. 插入新的幻灯片

幻灯片是组成演示文稿的基本单位，就像一本书由多张纸组成一样，可以把演示文稿里的幻灯片看成活页纸，可以进行插入、删除及交换位置。

操作要求：打开"PowerPoint 素材\PowerPoint 项目"文件夹中的 Web2.pptx 文件，在第一张幻灯片之前插入一张新幻灯片，版式为"标题幻灯片"，在它的标题区域输入文字"世界各地的读书活动"。

插入新幻灯片的操作步骤如下。

方法一：

（1）在左侧幻灯片列表区的第一张幻灯片上方间隙处单击，出现一个闪烁的光标。

（2）单击"开始"选项卡中的"新建幻灯片"按钮，如图 4-14 所示。

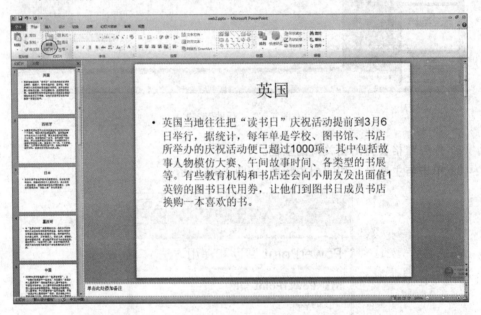

图 4-14　插入新幻灯片

（3）幻灯片列表区新增一张空白幻灯片。

（4）系统默认是"标题幻灯片"的版式。要添加其他版式，可在"新建幻灯片"的下拉列表中选择所需要的版式，如图 4-15 所示。

（5）在"单击此处添加标题"的占位符上单击，输入文字"世界各地的读书活动"，如图 4-16 所示。

（6）幻灯片编辑区和幻灯片列表区同时更新文本框的内容，保存该演示文稿。

方法二：

（1）在幻灯片列表区选中第一张幻灯片。

（2）单击"开始"选项卡中的"新建幻灯片"按钮。

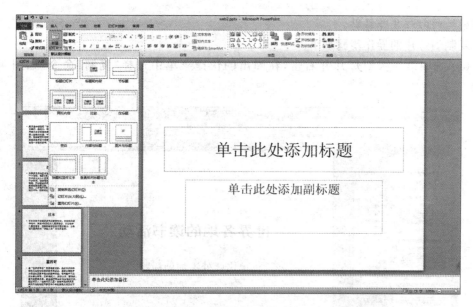

图 4-15   幻灯片版式设置

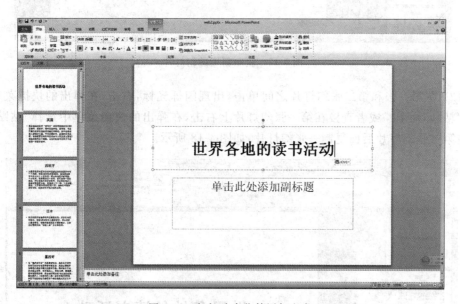

图 4-16   幻灯片占位符添加文字

（3）此时会在第一张幻灯片的下方增加一张新的幻灯片，版式为"标题和文本"。

（4）将新增的第二张幻灯片移动到第一张的位置，并修改幻灯片的版式，保存该演示文稿。

2. 幻灯片的复制

制作幻灯片时，有时同一类型或者模板的幻灯片需要多张，此时可以先制作一张幻灯片，然后通过复制该幻灯片，对其内容稍加修改，就可以得到多张幻灯片。

操作要求：打开"PowerPoint 素材\PowerPoint 项目"文件夹中的 Web2.pptx 文件，

复制新增的幻灯片并粘贴。

复制幻灯片的操作步骤如下。

（1）选中第一张幻灯片并右击，在弹出的快捷菜单中选择"复制"命令，如图 4-17
所示。

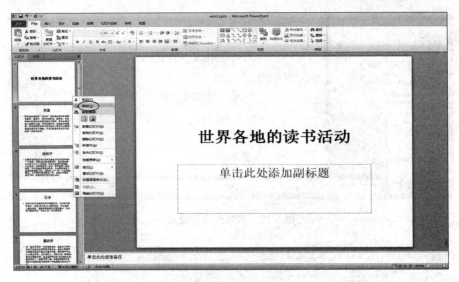

图 4-17　复制新增的幻灯片

（2）在第一张和第二张幻灯片之间单击，出现闪烁光标，右击，在弹出的快捷菜单中
选择"粘贴"命令。或者直接在第一张幻灯片上右击，在弹出的快捷菜单中选择"粘贴"命
令，在第一张幻灯片后面复制一张幻灯片，如图 4-18 所示。

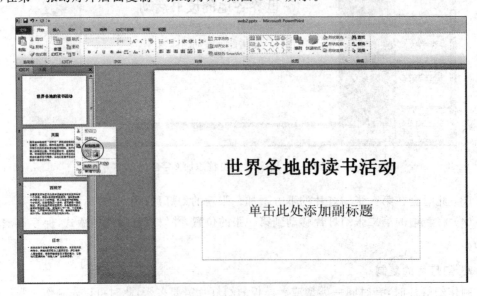

图 4-18　粘贴幻灯片

（3）用原文件名保存该演示文稿，如图 4-19 所示。

注：复制粘贴的操作也可以通过 Ctrl＋C 和 Ctrl＋V 组合键进行。

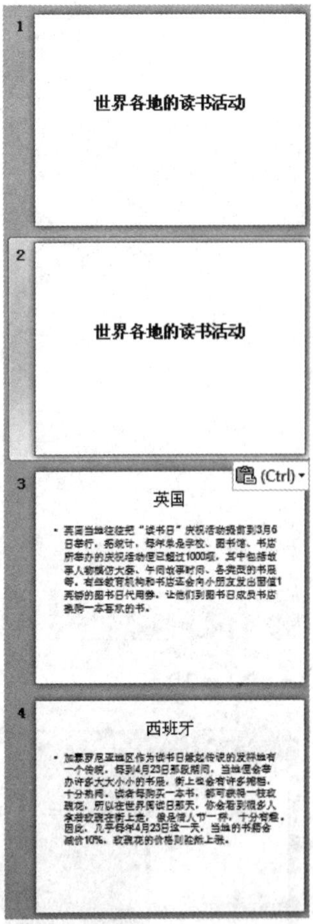

3. 幻灯片的删除和移动

操作要求：打开"PowerPoint 素材\PowerPoint 项目"文件夹中的 Web2.pptx 文件，将第二张幻灯片和第三张幻灯片交换位置。

移动幻灯片的操作步骤如下。

（1）单击第二张幻灯片并按住鼠标左键不放。

（2）拖动鼠标将其移动到编号为 4 的幻灯片之前，并保存该演示文稿。

操作要求：打开"PowerPoint 素材\PowerPoint 项目"文件夹中的 Web2.pptx 文件，删除第三张幻灯片。

删除幻灯片的操作步骤如下。

（1）选中第三张幻灯片。

（2）右击，在弹出的快捷菜单中选择"删除幻灯片"命令；或者按 Delete 键删除，并保存该演示文稿。

4. 幻灯片备注添加内容

操作要求：打开"PowerPoint 素材\PowerPoint 项目"文件夹中的 Web2.pptx 文件，将"读书"添加在最后一张幻灯片的备注中。

（1）选中最后一张幻灯片。

（2）在幻灯片备注中输入"读书"，并保存该演示文稿。

图 4-19　复制幻灯片成功

任务 3：幻灯片的版式

1. 幻灯片版式应用

幻灯片版式是 PowerPoint 软件中的一种常规排版的格式，通过幻灯片版式的应用可以对文字、图片等进行更加合理简洁的布局，版式有文字版式、内容版式、文字内容版式、其他版式。通常软件已经内置几个版式类型供使用者使用，利用这 4 种版式可以轻松完成幻灯片制作和运用。

操作要求：打开"PowerPoint 素材\PowerPoint 项目"文件夹中的 Web3.pptx 文件，将第一张幻灯片的版式更改为"垂直排列标题与文本"，将幻灯片大小设置为 35 毫米幻灯片，幻灯片的起始位置为 0。

设置幻灯片版式的操作步骤如下。

（1）选中第一张幻灯片，在"开始"选项卡中单击"版式"按钮，如图 4-20 所示。

（2）选择"垂直排列标题与文本"选项，如图 4-21 所示，在弹出的下拉菜单中选择"应用于选定幻灯片"命令。

（3）此时第一张幻灯片的版式已经被修改。

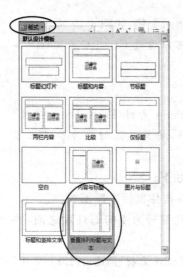

图 4-20　幻灯片版式

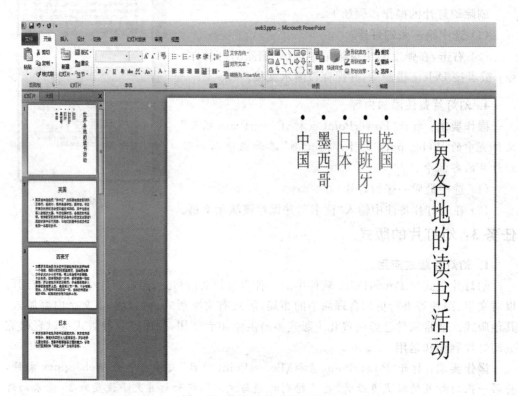

图 4-21　幻灯片版式任务窗格

（4）选择"设计"选项卡，单击"页面设置"按钮，如图 4-22 所示。

（5）弹出"页面设置"对话框，在"幻灯片大小"中选择"35 毫米幻灯片"，将幻灯片编号的起始值设置为 0，如图 4-23 所示，单击"确定"按钮。

（6）将演示文稿保存。

图 4-22　"设计"选项卡

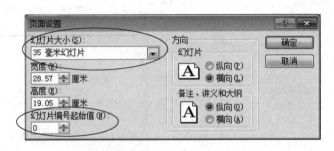

图 4-23　"页面设置"对话框

2. 幻灯片模板设计

幻灯片模板决定了整个演示文稿的风格,在因特网上有大量的模板可供下载。本书仅介绍怎样为幻灯片应用这些模板。

操作要求:打开"PowerPoint 素材\PowerPoint 项目"文件夹中的 Web3.pptx 文件,为所有幻灯片应用素材中的设计模板 moban01.potx,并设置第一张幻灯片的模板为"华丽.potx"。

为所有幻灯片设置模板的操作步骤如下。

(1)单击"设计"选项卡"主题"组中的"其他"按钮,如图 4-24 所示,打开"幻灯片主题"任务窗格。

图 4-24　幻灯片"设计"选项卡

(2)单击任务窗格的"浏览主题"超链接,如图 4-25 所示。

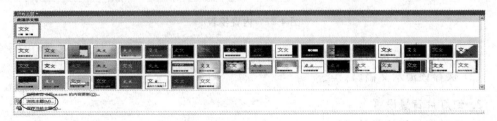

图 4-25　浏览主题

（3）在"浏览主题"对话框中，选择素材中的 moban01.potx 文件，如图 4-26 所示。

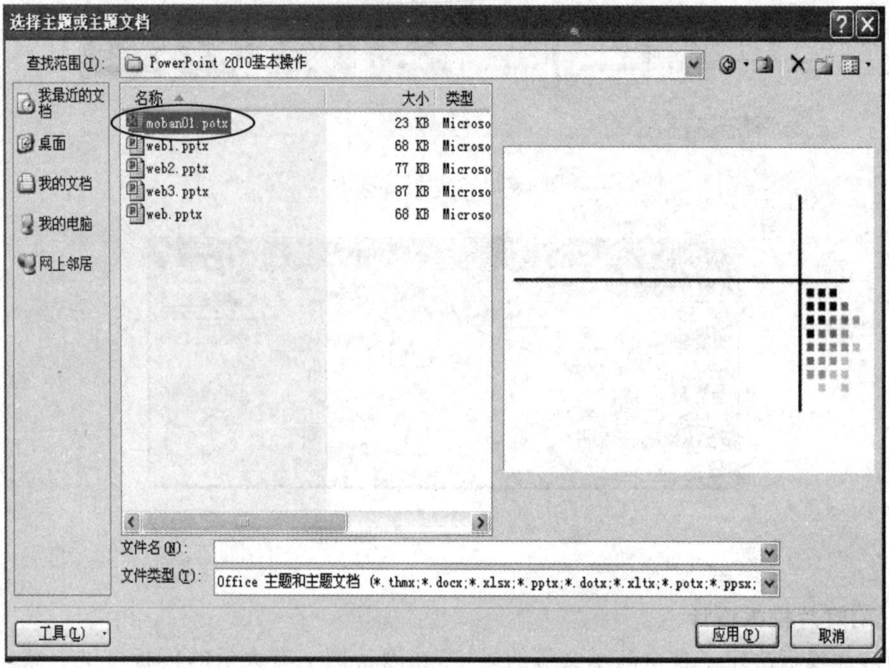

图 4-26　应用设计模板对话框

（4）单击"应用"按钮，为所有幻灯片应用模板 moban01。

（5）保存该演示文稿。

为第一张幻灯片设置模板的操作步骤如下。

（1）选中第一张幻灯片，在"主题"任务窗格中右击"华丽"模板，如图 4-27 所示，在菜单中选择"应用于选定幻灯片"。

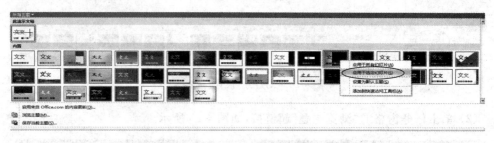

图 4-27　内置模板

（2）应用设计模板的效果如图 4-28 所示。

（3）保存该演示文稿。

3. 幻灯片背景设置

1）设置幻灯片的背景颜色

操作要求：打开"PowerPoint 素材\PowerPoint 项目"文件夹中的 Web3.pptx 文件，

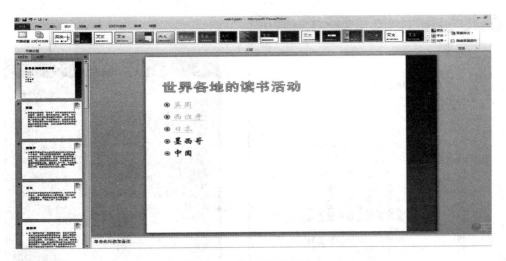

图 4-28　应用设计模板效果

将第二张幻灯片的背景颜色设置为 RGB(188,168,28)。

设置幻灯片背景颜色的操作步骤如下。

（1）选中第二张幻灯片，单击"设计"选项卡"背景"组中的"背景样式"按钮，如图 4-29 所示。

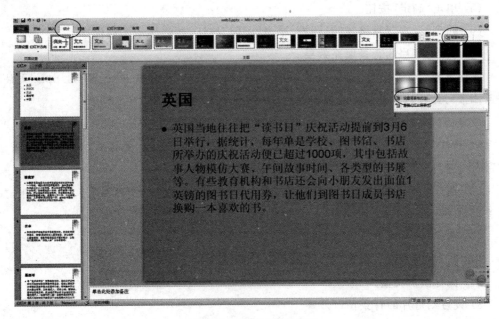

图 4-29　"背景样式"按钮

（2）在"背景样式"下拉列表中选择"设置背景格式"，在"颜色"下拉列表中选择"其他颜色"，如图 4-30 所示。

（3）在"颜色"对话框中选择"自定义"选项卡，如图 4-31 所示。

图 4-30 "设置背景格式"对话框

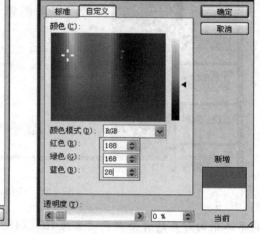

图 4-31 "颜色"对话框

(4) 在"颜色"对话框中,设置红色、绿色、蓝色的值分别为 188、168、28。

(5) 单击"确定"按钮。

(6) 回到"设置背景格式"对话框,单击"关闭"按钮,并将演示文稿保存。

2) 设置幻灯片的背景填充效果

操作要求:打开"PowerPoint 素材\PowerPoint 项目"文件夹中的 Web3.pptx 文件,将第三张幻灯片的背景填充效果设置为"白色大理石"纹理。

设置幻灯片背景填充效果的操作步骤如下。

(1)选中第三张幻灯片,在"设计"选项卡"背景"组中选择"背景样式"→"设置背景格式"命令,打开"设置背景格式"对话框,如图 4-32 所示。

(2)在"设置背景格式"对话框的"填充"列表框中单击"纹理"的下三角按钮,如图 4-33 所示。

(3) 选择"白色大理石"纹理,单击"确定"按钮。

(4) 回到"设置背景格式"对话框,单击"关闭"按钮。

(5) 保存演示文稿。

3) 设置幻灯片的背景预设效果

操作要求:打开"PowerPoint 素材\PowerPoint 项目"文件夹中的 Web3.pptx 文件,设置第四张幻灯片的背景预设效果为"漫漫黄沙",方向为"线性对角-左上到右下",并隐藏背景图形。

设置背景预设效果的操作步骤如下。

(1) 选中第四张幻灯片,在"设计"选项卡"背景"组中选择"背景样式"→"设置背景格

图 4-32　设置幻灯片背景填充效果

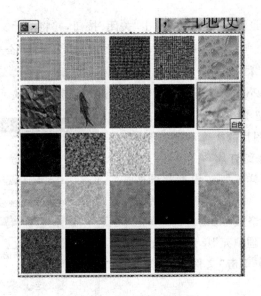

图 4-33　"纹理"下拉按钮

式"命令。

（2）在"设置背景格式"对话框的"填充"列表框中选中"渐变填充"单选按钮。

（3）在"预设颜色"下拉列表中，选择"漫漫黄沙"，如图 4-34 所示。

（4）在"方向"下拉列表中，选择"线性对角-左上到右下"。

（5）所选中的幻灯片变为"漫漫黄沙"和"线性对角-左上到右下"的格式。

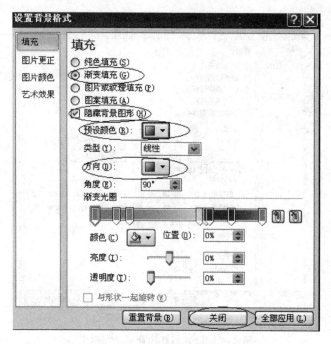

图 4-34　设置背景预设效果

（6）选中"隐藏背景图形"复选框，单击"关闭"按钮，并将演示文稿保存。

注：如果要设置全部的幻灯片，在单击"关闭"按钮前，单击"全部应用"按钮。

4）设置幻灯片的背景图片

操作要求：打开"PowerPoint 素材\PowerPoint 项目"文件夹中的 Web3.pptx 文件，为最后一张幻灯片设置背景图片 read.jpg。

设置幻灯片背景图片的操作步骤如下。

（1）选中最后一张幻灯片，在"设计"选项卡"背景"组中选择"背景样式"→"设置背景格式"命令。

（2）在"设置背景格式"对话框的"填充"列表框中选中"图片或纹理填充"单选按钮。

（3）在"插入自"中单击"文件"按钮来选择图片，如图 4-35 所示。

（4）在弹出的"插入图片"对话框中，找到素材中的 read.jpg，如图 4-36 所示，单击"插入"按钮。

（5）回到"设置背景格式"对话框，如图 4-37所示，单击"关闭"按钮。

（6）以原文件名保存演示文稿。

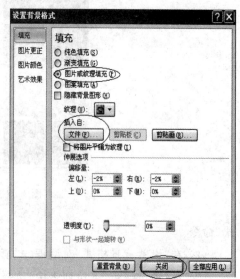

图 4-35　设置幻灯片背景图片

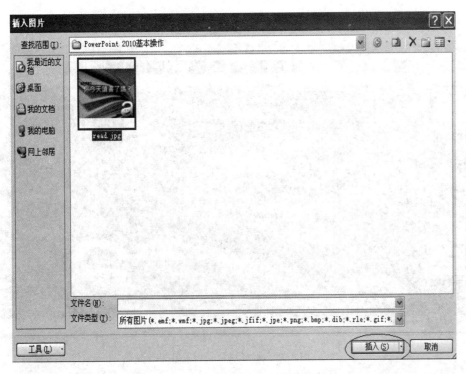

图 4-36　"插入图片"对话框

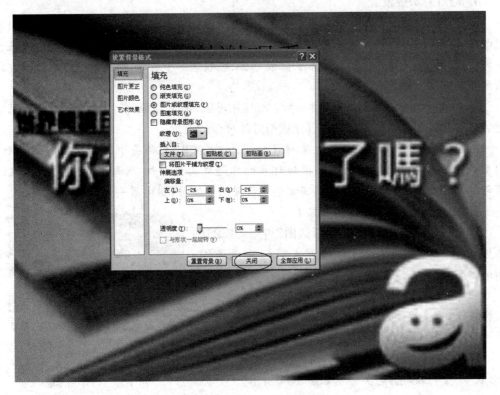

图 4-37　关闭"设置背景格式"对话框

Web3.pptx 的效果如图 4-38 所示。

图 4-38　幻灯片背景设置效果

4. 幻灯片母版设置

幻灯片母版用于设置幻灯片的样式,可供用户设定各种标题文字、背景、属性等,只须更改一项内容就可更改所有幻灯片的设计。也就是说,母版就是一个格式模板,可以修改字体格式、界面,不用每张幻灯片都去修改,只须修改这一个母版,所有的幻灯片就都会跟着改变。

在 PowerPoint 2010 中有 3 种母版:幻灯片母版、讲义母版、备注母版。幻灯片母版包含标题样式和文本样式。本书仅介绍幻灯片母版的设置。

操作要求:打开"PowerPoint 素材\PowerPoint 项目"文件夹中的 Web3.pptx 文件,利用母版设置 Web3.pptx 的每一张幻灯片的标题样式为加粗、倾斜、标准色-红色,在所有幻灯片的右上角插入笑脸形状,将该形状设置为超链接,指向第一张幻灯片。

幻灯片母版设置的操作步骤如下。

（1）单击"视图"选项卡"母版试图"组中的"幻灯片母版"命令,如图 4-39 所示,进入幻灯片母版编辑区。

（2）在幻灯片母版编辑区,选中"单击此处编辑母版标题样式"文字,设置文字效果为加粗、倾斜、标准色-红色,如图 4-40 所示。

（3）在"插入"选项卡中,单击"形状"命令,弹出"形状"下拉列表,选择"笑脸",如图 4-41 所示。

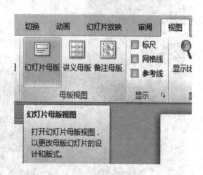

图 4-39　幻灯片母版

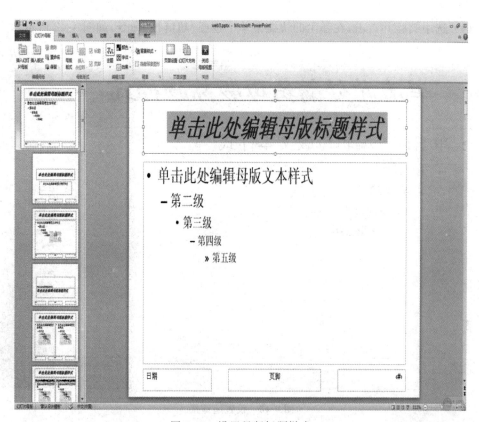

图 4-40　设置母版标题样式

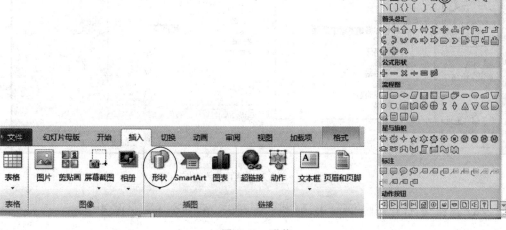

图 4-41　形状

（4）选中笑脸并右击，在弹出的快捷菜单中选择"超链接"命令，如图 4-42 所示。

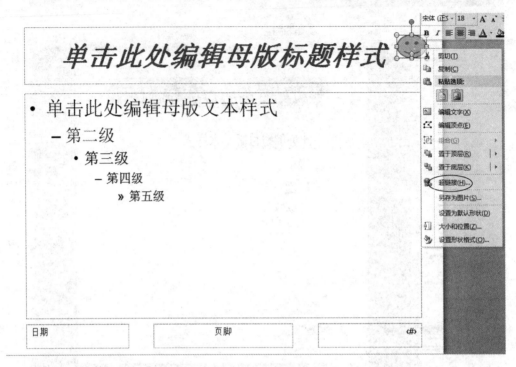

图 4-42　设置超链接

（5）在"插入超链接"对话框中，选择"本文档中的位置"，并在"请选择文档中的位置"中选择"第一张幻灯片"，如图 4-43 所示，单击"确定"按钮。

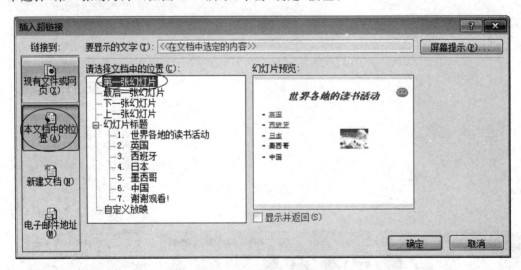

图 4-43　"插入超链接"对话框

（6）选择"幻灯片母版"选项卡，如图 4-44 所示，单击"关闭母版视图"按钮。

图 4-44　"幻灯片母版"选项卡中关闭母版视图

任务 4：插入幻灯片元素

1. 插入图片、文本框和艺术字

操作要求：打开"PowerPoint 素材\PowerPoint 项目"文件夹中的 Web4.pptx 文件，在第七张幻灯片中插入图片 pic1.jpg，给图片加 3 磅标准色-蓝色边框，并设置图片的宽度为 15 厘米，高度为 10 厘米，图片的位置为水平方向距左上角 5 厘米，垂直方向距左上角 5 厘米。

1）插入并编辑图片

插入图片的操作步骤如下。

（1）选中第七张幻灯片，单击"插入"选项卡"图像"组中的"图片"按钮，如图 4-45 所示。

（2）在"插入图片"对话框中找到素材文件夹中的 pic1.jpg 文件，如图 4-46 所示，单击"插入"按钮。

（3）选中图片并右击，在弹出的快捷菜单中选择"设置图片格式"命令，如图 4-47 所示。

图 4-45　插入图片

图 4-46　"插入图片"对话框

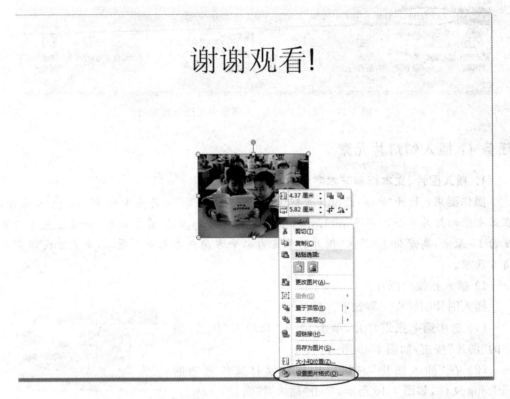

图 4-47 "设置图片格式"命令

(4) 在"设置图片格式"对话框中选中"线条颜色"中的"实线"单选按钮,设置颜色为标准色-蓝色,然后选择"线型"选项,设置宽度为 3 磅,如图 4-48 所示。

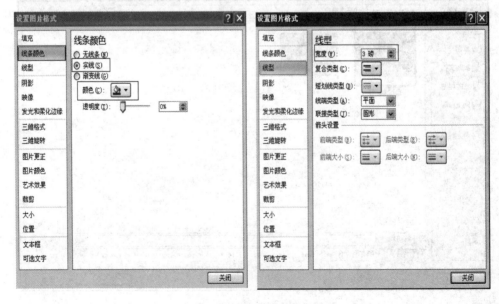

图 4-48 设置图片格式

（5）选择"大小"项，取消选中"锁定纵横比"复选框，并设置图片高度为 10 厘米，宽度为 15 厘米，如图 4-49 所示。

图 4-49　设置图片的尺寸

（6）选择"位置"项，在"自"选项中选择"左上角"，并在"水平"和"垂直"位置分别输入"5 厘米"，最后将演示文稿保存。

注：在插入图片后，会出现"图片工具|格式"选项卡，可以设置大小和边框等。

2）插入文本框

操作要求：打开"PowerPoint 素材\PowerPoint 项目"文件夹中的 Web4.pptx 文件，在第七张幻灯片右下角插入一个文本框，内容为"返回"。

插入文本框的操作步骤如下。

（1）选中第七张幻灯片，在"插入"选项卡的"文本"组中选择"文本框"→"横排文本框"命令，如图 4-50 所示。

（2）将鼠标指针移到幻灯片右下角，按住鼠标左键拖动绘制合适大小的文本框。

（3）在文本框中输入文字"返回"，如图 4-51 所示。

（4）保存演示文稿。

图 4-50　插入文本框　　　　　　　　图 4-51　文本框效果图

3）插入艺术字

艺术字是 Office 2010 所有软件里面都包含的组件,且操作方法基本一致。

操作要求: 打开"PowerPoint 素材\PowerPoint 项目"文件夹中的 Web4.pptx 文件,在第二张幻灯片标题区域插入一行艺术字,内容为"世界读书活动",采用艺术字库中第三行第四列的式样,字体为隶书,字号为 60 磅。

插入艺术字的操作步骤如下。

（1）选中第二张幻灯片,单击"插入"选项卡"文本"组中的"艺术字"按钮,如图 4-52 所示。

（2）在弹出的"艺术字"下拉列表中,选择第三行第五列的艺术字样式,如图 4-53 所示,在幻灯片中出现"请在此放置您的文字"。

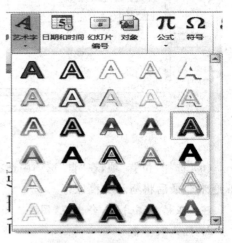

图 4-52　插入艺术字　　　　　　　　　　图 4-53　艺术字下拉列表

（3）将"请在此放置您的文字"的文字删除,输入"世界读书活动",并设置字体为隶书,字号为 60,如图 4-54～图 4-56 所示。

（4）保存演示文稿。

请在此放置您的文字

图 4-54　"艺术字"文字

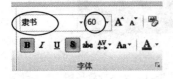

图 4-55　艺术字设置格式　　　　　　　　图 4-56　艺术字效果图

2. 插入幻灯片编号和日期

演讲使用的演示文稿通常需要加入一些时间日期、幻灯片编号等信息。在 PowerPoint 2010 中,幻灯片编号等信息是通过"页眉和页脚"来实现的。

操作要求:打开"PowerPoint 素材\PowerPoint 项目"文件夹中的 Web4.pptx 文件,给幻灯片插入页码和自动更新的日期,格式为××××年××月××日星期×,页脚内容为"世界读书日",在标题幻灯片中不显示。

插入页眉和页脚的操作步骤如下。

(1) 单击"插入"选项卡"文本"组中的"页眉和页脚"按钮,如图 4-57 所示。

(2) 在"幻灯片"选项卡中,选中"日期和时间"复选框以及"自动更新"单选按钮,并在下拉列表中选择所需要的日期格式,如图 4-58 所示。

图 4-57　插入页眉和页脚

(3) 选中"幻灯片编号""页脚"和"标题幻灯片中不显示"复选框,并在"页脚"文本框中输入文字"世界读书日",如图 4-58 所示。

(4) 单击"全部应用"按钮。

(5) 以原文件名保存演示文稿。

3. 插入影片和声音

演示文稿中需要加入一些影片和声音。下面介绍如何插入 GIF 动画和音频文件。

1) 插入 GIF 动画文件

操作要求:打开"PowerPoint 素材\PowerPoint 项目"文件夹中的 Web4.pptx 文件,在第一张幻灯片文字右侧插入 GIF 动画 gif01.gif。

插入 GIF 动画的操作步骤如下。

(1) 选中第一张幻灯片,在"插入"选项卡的"媒体"组中选择"视频"→"文件中的视频"命令,如图 4-59 所示。

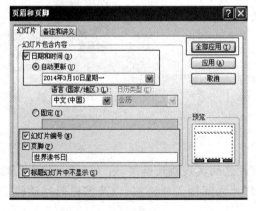

图 4-58　"页眉和页脚"对话框

图 4-59　插入视频

　　(2) 在"插入视频文件"对话框中,将"文件类型"设为"所有文件(＊.＊)",并且在素材文件夹中找到 gif01.gif 文件,如图 4-60 所示。

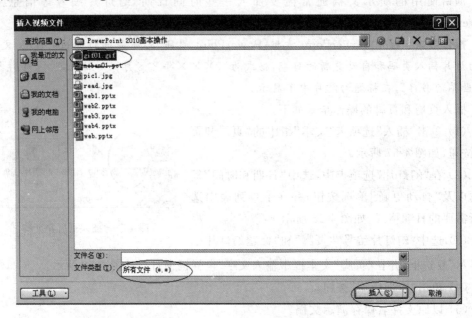

图 4-60　"插入视频文件"对话框

　　(3) 单击"插入"按钮。

　　(4) 以原文件名保存演示文稿。

　　2) 插入音频文件

　　操作要求:打开"PowerPoint 素材\PowerPoint 项目"文件夹中的 Web4.pptx 文件,在第一张幻灯片中插入音频文件 music01.mp3,自动播放。

　　插入音频文件的操作步骤如下。

　　(1) 选中第一张幻灯片,在"插入"选项卡的"媒体"组中选择"音频"→"文件中的音频"命令,如图 4-61 所示。

　　(2) 在"插入音频"对话框中,从素材文件夹中找到 music01.mp3 文件,如图 4-62 所示。

　　(3) 单击"插入"按钮。

　　(4) 选中音频,在"播放"选项卡中的"音频选项"组中,选中"循环播放,直到停止"复选框,如图 4-63 所示。

图 4-61　插入音频

　　(5) 保存演示文稿。

4. 插入超链接

　　播放幻灯片的时候,有时需要在幻灯片之间实现跳转链接,这个功能可以由幻灯片之间的超链接来实现。下面介绍怎样在幻灯片之间插入超链接,以及怎样通过动作按钮来实现超链接。

图 4-62 "插入音频"对话框

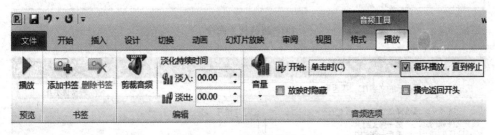

图 4-63 循环播放设置

操作要求：打开"PowerPoint 素材\PowerPoint 项目"文件夹中的 Web4. pptx 文件，为第一张幻灯片中的"墨西哥""中国"建立超链接，分别指向对应标题的幻灯片，并将已超链接的颜色设置为"红色"。

（1）选中第一张幻灯片，选中文字"墨西哥"并右击，在快捷菜单中选择"超链接"命令，如图 4-64(a)所示。

（2）在弹出的"插入超链接"对话框中，如图 4-64(b)所示，在左边的"链接到"下方单击"本文档中的位置"命令。

（3）在"请选择文档中的位置"下方选择标题为"墨西哥"的幻灯片，单击"确定"按钮。

（4）用同样的方法为"中国"建立超链接。

（5）单击"设计"选项卡的"颜色"命令，如图 4-65(a)所示，单击"新建主题颜色"按钮。

（6）在"新建主题颜色"对话框中，选择"主题颜色"中的"已访问的超链接"进行颜色设置，如图 4-65(b)所示，最后以原文件名保存演示文稿。

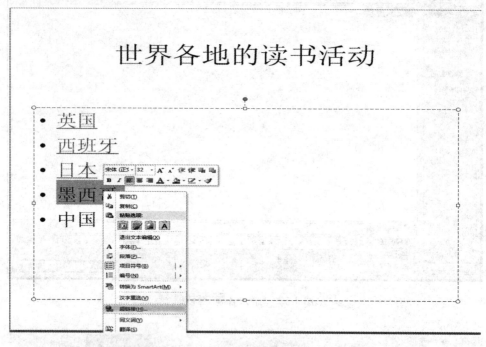

(a) "超链接" 命令

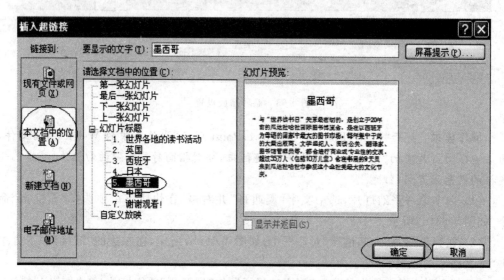

(b) "插入超链接" 对话框

图 4-64　插入超链接

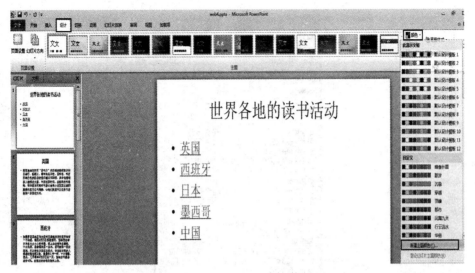

(a) "新建主题颜色" 命令

(b) "新建主题颜色" 对话框

图 4-65   超链接内容的颜色设置

5. 插入动作按钮

除了给文字设置超链接,幻灯片中还可以插入动作按钮来实现简单的超链接。

操作要求:打开"PowerPoint 素材\PowerPoint 项目"文件夹中的 Web4.pptx,在第七张幻灯片"谢谢观看"介绍的右下角插入"第一张"按钮,并设置鼠标指针移过该按钮时,超链接到第一张幻灯片。

插入动作按钮并设置动作的操作步骤如下。

(1) 选中第七张幻灯片,单击"插入"选项卡的"插图"组中的"形状"按钮,如图 4-66 所示。

(2) 单击"动作按钮",选择"动作按钮:第一张"图,如图 4-66 所示。

(3) 此时鼠标指针呈现十字形,在右下角拖动绘制合适大小的文本框,如图 4-67 所示。

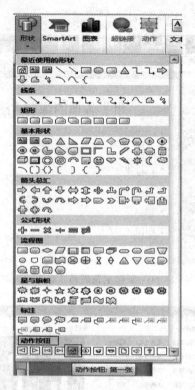

图 4-66　插入动作按钮

谢谢观看！

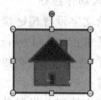

图 4-67　"动作设置"对话框

（4）在弹出的"动作设置"对话框中，选择"鼠标移过"选项卡。

（5）选中"超链接到"单选按钮，并在下拉列表框中选择"第一张幻灯片"。

（6）单击"确定"按钮，并保存演示文稿。

任务 5：幻灯片放映和动画设置

1. 自定义动画

制作幻灯片时，不仅需要制作精美的内容，还要通过一些动画给演示带来一定的帮助与推力，带动用户的观看主动性。下面介绍 PPT 中怎样自定义动画。

操作要求：打开"PowerPoint 素材\PowerPoint 项目"文件夹中的 Web4.pptx 文件，将第一张幻灯片中标题的动画效果设为从左侧飞入，速度为快速，并伴有风铃声。

设置自定义动画的操作步骤如下。

（1）选中第一张幻灯片，选中要设置动画效果的文字"世界各地的读书活动"，选择"动画"选项卡，并单击"其他"下拉按钮，如图 4-68 所示。

图 4-68　"动画"选项卡

（2）在弹出的下拉列表中依次选择"进入"→"飞入"，如图 4-69 所示。

注意：如果选择心形路径，可以单击"其他路径"进行选择。

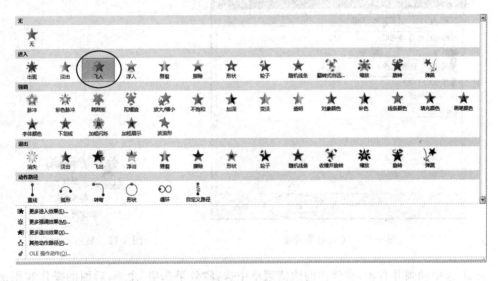

图 4-69　动画设置

（3）如图 4-70 所示，选择"动画"组中的"效果选项"→"其他效果选项"命令，弹出"飞入"对话框。

（4）在"效果"选项卡中，在"方向"的左侧下拉列表框中选择"自左侧"，在"增强"下方

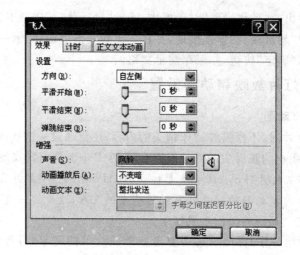

效果选项

图 4-70 "飞入"对话框

"声音"的下拉列表框中选择"风铃"。

(5) 选择"计时"选项卡,在"期间"左侧下拉列表框中选择"快速(1 秒)"。

(6) 单击"确定"按钮,并保存演示文稿,如图 4-71 所示。

修改动画效果,操作步骤如下。

(1) 单击已经添加的动画序号,单击"高级动画"组中的"动画窗格"按钮,如图 4-72 所示,在右侧弹出"动画窗格"的操作界面。

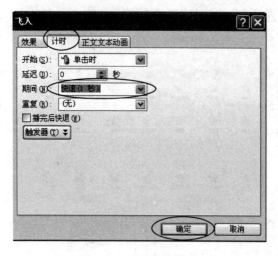

图 4-71 飞入效果选项

图 4-72 显示动画窗格

(2) 选中动画并右击,在弹出的快捷菜单中选择"效果选项"命令,后面的操作和添加动画时一致。

若要删除动画,可选中已经添加的动画序号并右击,在弹出的下拉菜单中选择"删除"命令,如图 4-73 所示。

2. 幻灯片切换

幻灯片的切换效果是指在幻灯片放映时，每张幻灯片出现时的动态效果。

操作要求：打开"PowerPoint 素材\PowerPoint 项目"文件夹中的 Web4.pptx 文件，设置所有幻灯片的切换效果为"百叶窗"，速度为 3 秒，换片方式为单击鼠标时。

设置幻灯片切换效果的操作步骤如下。

（1）选择"切换"选项卡"切换到此幻灯片"组，单击"其他"下三角按钮，选择"其他效果"，如图 4-74 所示。

（2）在"切换"任务窗格中选择"百叶窗"，如图 4-75 所示。

图 4-73　修改和删除动画效果

图 4-74　"切换"选项卡

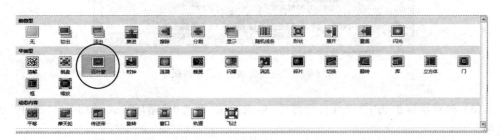

图 4-75　"切换"任务窗格

（3）在"切换"选项卡的"计时"组中设置切换效果，在持续时间中输入"3 秒"，如图 4-76 所示。

（4）在"换片方式"下方选中"单击鼠标时"复选框。

（5）在任务窗格下方单击"应用于所有幻灯片"按钮。

（6）保存演示文稿。

3. 设置放映方式

下面介绍设置幻灯片的放映方式。

操作要求：打开"PowerPoint 素材\PowerPoint 项目"文件夹中的 Web4.pptx 文件，设置幻灯片的放映方式为观众自行浏览，循环放映。

设置放映方式的操作步骤如下。

（1）单击"幻灯片放映"选项卡的"设置"组中的"设置幻灯片放映"按钮，如图 4-77 所示。

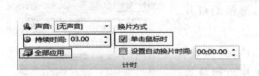

图 4-76 切换效果设置   图 4-77 "设置放映方式"按钮

(2) 弹出"设置放映方式"对话框,如图 4-78 所示。

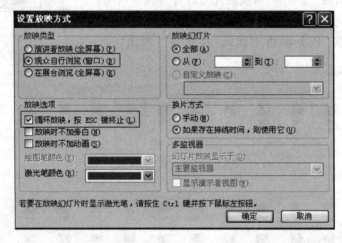

图 4-78 "设置放映方式"对话框

(3) 在对话框中选中"观众自行浏览"单选按钮,再选中"循环放映,按 Esc 键终止"复选框。

(4) 单击"确定"按钮。

4.4 知识链接

1. 字体的效果

文字的各种字形和效果都是通过"字体"对话框来设置的,如果用户需要改变字形和效果,应先选中要改变字形和效果的文本,然后在"字体"对话框中进行设置。另外,字形和部分效果也可以通过"开始"选项卡的"字体"组中的相应按钮来设置。"字体"组中各个按钮的含义如下。

(1)"字体"按钮 宋体(中文正▼):设置所选文字的字体。

(2)"字号"按钮 五号 ▼:设置选定文字的字号。

(3)"增大字体"按钮 A⁺:增大所选文字的字号。

(4)"缩小字体"按钮 A⁻:减小所选文字的字号

(5)"清除格式"按钮 ⬚:清除所选文字的格式。

(6)“加粗”按钮 **B**：为选中文字添加加粗效果。

(7)“倾斜”按钮 *I*：添加或取消选中文字的倾斜效果。

(8)“下划线”按钮 U：添加或取消选中文字的下划线。同样，单击按钮右侧的下三角按钮会弹出下划线类型下拉列表，从中选择一种所需的下划线。此外，用户还可利用该工具的下拉列表设置下划线的颜色。

(9)“删除线”按钮 abc：为选中的文字添加或取消删除线。

(10)“更改大小写”按钮 Aa：将选中的所有文字改为全部大写、全部小写或其他常见的大小写形式。

(11)“字体颜色”按钮 A：更改文字的颜色。单击右侧的下三角按钮 ▼ 可以在弹出的颜色下拉列表中选择颜色。

2. 添加项目符号和编号

在 Web1 的第一张幻灯片中可以看到每段文字的前面都有个小圆点，在演讲的时候可以使用小圆点或者其他的图形对一些提纲的内容进行标记或者强调，以下介绍演示文稿中加入项目符号的方法。

(1) 选中第一张幻灯片，可以看到每行文字前面都有小圆点(表示已经添加项目编号)，如图 4-79 所示。

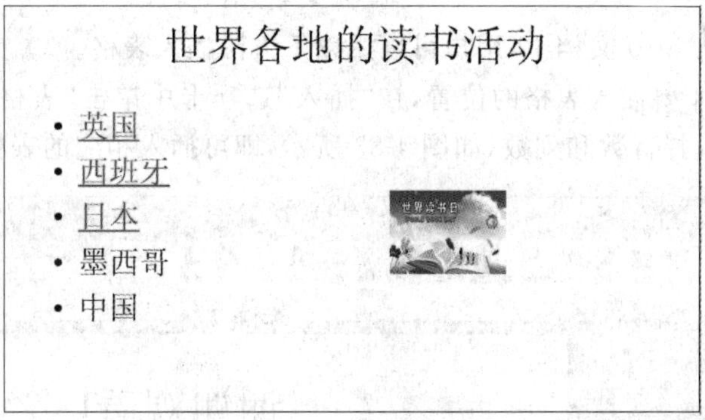

世界各地的读书活动
英国
西班牙
日本
墨西哥
中国
世界读书日

图 4-79　幻灯片项目编号

(2) 选中文本，然后单击“开始”选项卡“段落”组中的“项目符号”按钮，如图 4-80 所示。

文字方向
对齐文本
转换为 SmartArt
段落

图 4-80　项目编号下拉框

(3) 默认情况下项目符号为一个圆点，下面将它改为其他图形，如图 4-81 所示。

(4) 在打开的下拉列表中选择“项目符号和编号”命令。

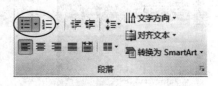

(5) 打开“项目符号和编号”对话框，切换到“项目符号”选项卡，在列表框中选择一种合适的样式，如图 4-82 所示。

(6) 单击“确定”按钮，并保存演示文稿。

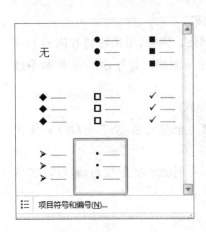

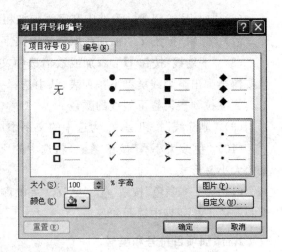

图 4-81   项目编号设置   图 4-82   "项目符号和编号"对话框

3. 表格的制作

表格由一行或多行单元格组成，用于显示数字和其他项以便快速引用和分析。在文档中插入表格可以使内容简明，且方便直观。

1）插入表格

在 PowerPoint 2010 文档中，用户可以用以下方法插入表格。

（1）将光标置于要插入表格的位置，在"插入"选项卡中单击"表格"组中的"表格"下拉按钮，拖动鼠标选择行数和列数，如图 4-83 所示，即可插入相应的表格。

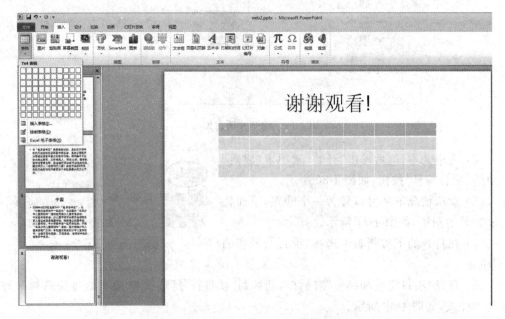

图 4-83   手动创建表格

插入表格后,会出现"表格工具"选项卡,用户可利用它对表格进行格式设置。

(2) 在"插入"选项卡的"表格"组中选择"表格"→"插入表格"命令,打开"插入表格"对话框,如图 4-84 所示。

在"表格尺寸"区域中设置表格的列数和行数,然后单击"确定"按钮。

2) 绘制表格

图 4-84　"插入表格"对话框

在"插入"选项卡的"表格"组中选择"表格"→"绘制表格"命令,当光标变成笔状时,在工作区中拖动鼠标绘制表格。

3) 向表格中输入和编辑文本

表格制作完成后,就需要向表格中输入内容,向表格中输入内容也就是在单元格中输入内容,根据需要,可以对输入的内容进行编辑。

在单元格中输入文本与在文档中输入文本的方法是一样的,都是先指定插入符的位置,即在表格中单击要输入文本的单元格(即可将插入符移到要输入文本的单元格中),然后输入文本。

在单元格中输入文本时,可以配合下面的快捷键在表格中快速地移动插入符。

- Tab:移到同一行的下一个单元格中。
- Shift+Tab:移到同一行的前一个单元格中。
- Alt+Home:移到当前行的第一个单元格中。
- Alt+End:移到当前行的最后一个单元格中。
- ↑:上移一行。
- ↓:下移一行。
- Alt+PageUp:将插入点移动到所在的列的最上方的单元格中。
- Alt+PageDown:将插入点移动到所在的列的最下方的单元格中。

输入完成后,可以对文本进行移动和复制等操作,在单元格中移动或复制文本的方法在与文档中移动或复制文本的方法基本相同,使用鼠标拖动、命令按钮或快捷键等方法来移动复制单元格、行或列中的内容。

选择文本时,如果选择的内容不包括单元格的结束标记,内容移动或复制到目标单元时,不会覆盖目标单元格中的原有文本。如果选中的内容包括单元格的结束标记,则内容移动或复制到目标单元格时,会替换目标单元格中原有的文本和格式。

4) 表格的编辑和修饰

表格创建完成以后,用户可以对其加以设置,如插入行和列,合并及拆分单元格等设置。

(1) 选定表格。为了对表格进行修改,首先必须选定要修改的表格。选定表格的方法有以下几种。

① 将鼠标指针移到要选定的单元格的选定区,当指针由 I 形状变成 ↗ 形状时,按住鼠标左键并向上、下、左、右移动鼠标,选定相邻多个单元格即单元格区域。

② 选定表格的行:将鼠标指针指向要选定的行的左侧,单击鼠标选定一行;向下或向上拖动鼠标选定表中相邻的多行。

③ 选定表格的列：将鼠标指针移到表格最上面的边框线上，指针指向要选定的列，当鼠标指针由Ⅰ形状变成➡形状时，单击鼠标选定一列；向左或向右拖动鼠标选定表中相邻的多列。

④ 选定连续的单元格：PowerPoint 允许选定多个连续的区域，选择方法是选中一个单元格，按住 Shift 键，选择需要选中区域的末尾单元格。

（2）调整行高和列宽。使用表格时，用户可以通过以下几种方法，调整表格或单元格的行高和列宽。

① 使用"设置形状格式"命令。选中要调整行高和列宽的表格，右击，在弹出的快捷菜单中选择"设置形状格式"命令，在弹出的"设置形状格式"对话框中选择"大小"列表项，如图 4-85 所示，对高度和宽度进行设置，即可实现调整表格行高和列宽的目的。

图 4-85　调整行高和列宽

② 使用"单元格大小"组。将光标置于要设置大小的单元格中，切换到"表格工具|布局"选项卡。如图 4-86 所示，在"单元格大小"组的"高度"和"宽度"微调框中输入数值，即可更改单元格大小。

（3）插入行或列。将光标定位在要插入行或列的位置，切换到"表格工具|布局"选项卡。单击"在右侧插入"按钮，可在所选单击格的右侧插入一列；单击"在上方插入"按钮，即可在所选单击格的上方插入一行，如图 4-87 所示。

（4）删除行、列或表格。

① 将光标置于要删除的行、列中的任意单元格。

② 切换到"表格工具|布局"选项卡，在"行和列"组中单击"删除"按钮，在弹出的下拉列表中选择所需的选项。

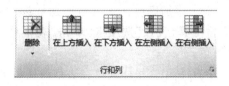

图 4-86　在"单元格大小"组中调整行高和列宽　　　图 4-87　在"行和列"组中插入行或列

"删除列"选项：删除当前单元格所在的整列。

"删除行"选项：删除当前单元格所在的整行。

"删除表格"选项：删除当前的整个表格。

（5）合并和拆分单元格。

① 合并单元格。选择要合并的单元格区域，切换到"表格工具 | 布局"选项卡，单击"合并"组中的"合并单元格"按钮，如图 4-88 所示，即可将单元格区域合并为一个单元格。

② 拆分单元格。将光标定位在要拆分的单元格中，右击，选择"拆分单元格"命令，在打开的"拆分单元格"对话框中输入行数、列数数值，如图 4-89 所示，单击"确定"按钮即可拆分元格。

（6）表格格式的设置。表格创建完成以后，用户可以在表格中输入数据，并对表格中的数据格式及对齐方式等进行设置。同样，也可对表格套用样式，设置边框和底纹，以增强视觉效果，使表格更加美观。

① 设置字体格式。将鼠标指针移动至表格上方，表格左上角会出现 ✛ 按钮，单击该按钮，选中整张表格。然后在"开始"选项卡的"字体"组中设置其字体、字号、字体颜色、加粗、下划线等属性。

② 设置表格对齐方式。将鼠标指针移动至表格上方，表格左上角会出现 ✛ 按钮，单击该按钮，选中整张表格。然后选择"表格工具 | 布局"选项卡，单击"对齐方式"组中的相应按钮，可以设置文字对齐方式，如图 4-90 所示。

图 4-88　使用"合并"组　　　图 4-89　"拆分单元格"对话框　　　图 4-90　设置对齐方式
　　　　　合并单元格

（7）添加边框。PowerPoint 提供了很多种表格边框样式，用户可根据需要选择适合自己的边框。

将鼠标指针移动至表格上方，表格左上角会出现 ✛ 按钮，单击该按钮，选中整张表格。然后选择"表格工具 | 设计"选项卡，在"表格样式"组中单击"边框"下三角按钮，选择"边框和底纹"命令，在弹出的"边框和底纹"对话框中进行设置。

(8) 添加底纹。为表格添加底纹。首先,选择要添加底纹的表格区域。然后选择"表格工具|设计"选项卡,单击"表格样式"组中的"底纹"下三角按钮,选择一种颜色,如橙色。

(9) 套用表格样式。在表格的任意单元格内单击,然后切换到"表格工具|设计"选项卡,在"表格样式"组选择一种表格样式效果。

4.5　PowerPoint 案例强化

完善"PowerPoint 素材\PowerPoint 案例强化"文件夹中的 Web. pptx 文件,参考样张按下列要求进行操作。

(1) 设置所有幻灯片的背景为信纸纹理。

操作步骤如下。

① 打开 Web. pptx 文件,选择"设计"选项卡"背景"组中的"背景样式"→"设置背景格式"命令,如图 4-91 所示,打开"设置背景格式"任务窗格。

图 4-91　"背景"组

② 如图 4-92 所示,选中"图片或纹理填充"单选按钮,单击纹理右侧的下拉按钮,选择"信纸"。

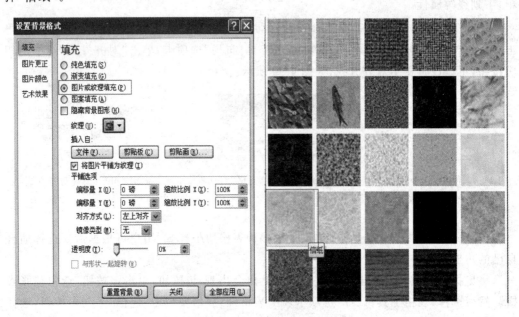

图 4-92　设置背景为信纸纹理

③ 单击"全部应用"按钮。

④ 应用背景格式后的效果如图 4-93 所示。

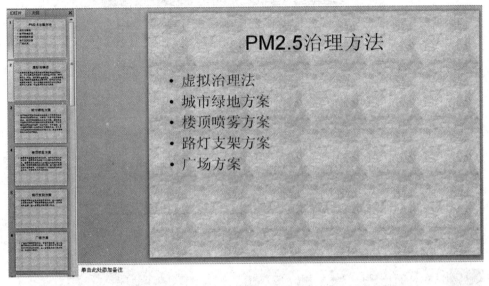

图 4-93　应用背景格式后的效果图

（2）为所有幻灯片添加幻灯片编号和页脚，页脚内容为"治理方法"。

操作步骤如下。

① 单击"插入"选项卡"文本"组中的"页眉和页脚"按钮，如图 4-94 所示。

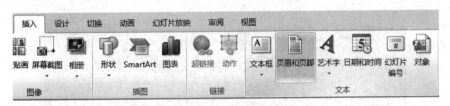

图 4-94　"页眉和页脚"按钮

② 在"页眉和页脚"对话框中选中"幻灯片编号"和"页脚"复选框，并在"页脚"下方的文本框中输入"治理方法"，如图 4-95 所示。

③ 单击"全部应用"按钮。

（3）利用 SmartArt 图形，将第一张幻灯片中的项目符号及文字转换为垂直列表，并为垂直列表中的 7 行文字创建超链接，分别指向具有相应标题的幻灯片，并隐藏第七到第十张幻灯片。

操作步骤如下。

① 将第一张幻灯片中的"虚拟治理法"文字选中。

② 选择"开始"选项卡，单击"段落"组中的"转换为 SmartArt"按钮，如图 4-96 所示。

③ 选中"虚拟治理法"艺术字，右击，在弹出的快捷菜单中选择"超链接"命令，如图 4-97 所示。

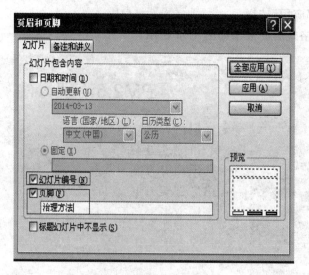

图 4-95　设置页脚

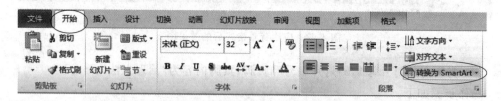

图 4-96　"转换为 SmartArt"按钮

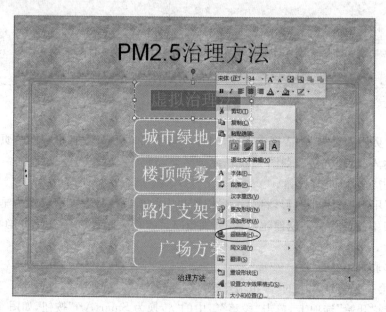

图 4-97　创建超链接

　　④ 在弹出的"插入超链接"对话框中,在左边的"链接到"下方单击"本文档中的位置",然后在"请选择文档中的位置"下方选择"虚拟治理法"幻灯片,如图 4-98 所示,单击"确定"按钮。

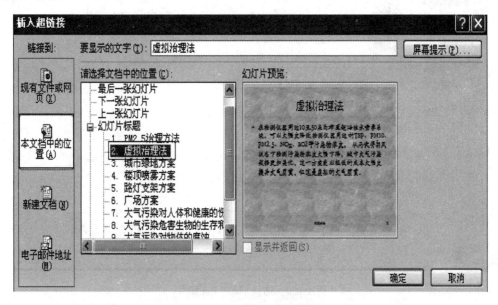

图 4-98　"插入超链接"对话框中的相关设置

　　⑤ 用同样的方法为"城市绿地方案""楼顶喷雾方案""路灯支架方案""广场方案"建立超链接,分别指向具有相应标题的幻灯片。

　　⑥ 连续选择第七张到第十张幻灯片,在选中的幻灯片上右击,在弹出的快捷菜单中选择"隐藏幻灯片"命令。

　　(4) 利用幻灯片母版,在每张幻灯片的右上角插入图片 pic03. jpg,设置图片高度为 4 厘米,宽度为 3 厘米,设置图片超链接指向电子邮件地址 pm2d5@mail. com。

　　操作步骤如下。

　　① 单击"视图"选项卡"母版视图"组中的"幻灯片母版"按钮,如图 4-99 所示。

图 4-99　选择幻灯片母版

　　② 在"母版视图"界面中,单击"插入"选项卡中的"图片"按钮,在弹出的"插入图片"对话框中选择"PowerPoint 素材\PowerPoint 案例强化"文件夹中的 pic03. jpg 图片,如图 4-100 所示,单击"插入"按钮。

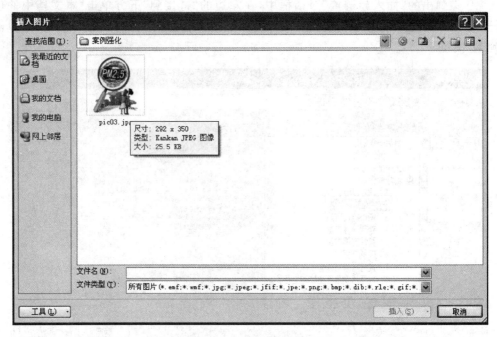

图 4-100　选择 pic03.jpg 图片

　　③ 选中图片,右击,在弹出的快捷菜单中选择"设置图片格式"命令,在弹出的对话框中选择"大小"选项,设置图片高度为 4 厘米,宽度为 3 厘米。在设置大小前,取消选中"锁定纵横比"复选框,设置完毕单击"关闭"按钮。再将图片拖曳到幻灯片母板的右上角。

　　④ 选中图片并右击,在弹出的快捷菜单中选择"超链接"命令,在"插入超链接"对话框中选择"电子邮件地址",并在右边的"电子邮件地址"文本框中输入邮箱地址,如图 4-101 所示。

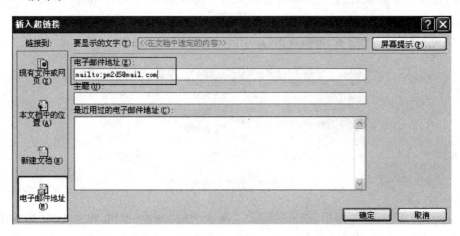

图 4-101　"插入超链接"对话框

⑤ 设置完成后,单击"确定"按钮。

⑥ 单击"幻灯片母版"选项卡中的"关闭母板视图"按钮。

(5) 将制作好的演示文稿保存为 Web. pptx 文件,存放于"PowerPoint 素材\PowerPoint 案例强化"文件夹中。

操作步骤如下。

选择"文件"→"保存"命令,将 Web. ppxt 文件以原文件名和原文件类型保存在原来的位置。也可以单击█快捷图标来保存。

演示文稿效果如图 4-102 所示。

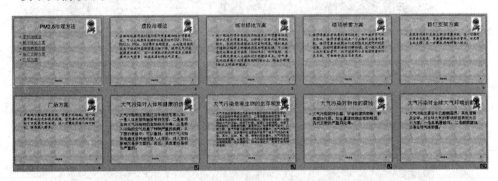

图 4-102　演示文稿效果图

4.6　PowerPoint 综合实训

PowerPoint 综合实训(一)

调入"PowerPoint 素材\ PowerPoint 综合实训"中的 PT1. pptx 文件,参考图 4-103 所示的样张进行设置,具体要求如下。

(1) 设置所有幻灯片背景为预设颜色"雨后初晴",所有幻灯片切换效果为垂直百叶窗。

(2) 参考样张,在第三张幻灯片的右下角插入"第一张"动作按钮,单击时超链接到第一张幻灯片,并伴有微风声。

(3) 交换第五张和第六张幻灯片,并将文件 memo. txt 中的内容作为第七张幻灯片的备注。

(4) 利用幻灯片母版,在所有"标题和内容"版式幻灯片的右上角插入一个笑脸形状,形状填充标准色-黄色,单击该形状超链接指向网页 http://www. star. org。

(5) 在最后一张幻灯片中插入图片 hero. jpg,设置图片进入的动画效果为自右侧飞入,在上一动画之后延迟 0.5 秒发生。

(6) 将制作好的演示文稿以文件名 PT1. pptx 保存在"PowerPoint 素材\PowerPoint 综合实训"文件夹中。

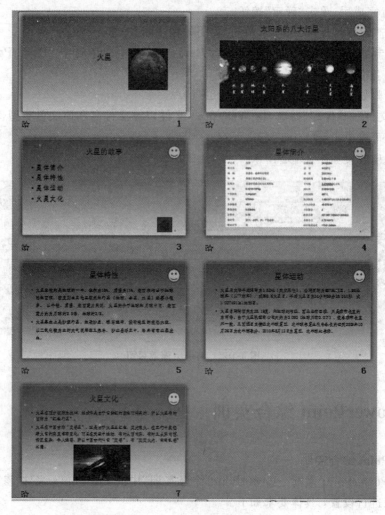

图 4-103　PowerPoint 综合实训(一)样张

PowerPoint 综合实训(二)

调入"PowerPoint 素材\ PowerPoint 综合实训"中的 PT2.pptx 文件,参考图 4-104 所示的样张进行设置,具体要求如下。

(1) 设置所有幻灯片背景为"蓝色面巾纸"纹理,除标题幻灯片外,为其他幻灯片添加幻灯片编号。

(2) 交换第一张和第二张幻灯片,并将文件 memo1.txt 中的内容作为第三张幻灯片的备注。

(3) 将第三张幻灯片文本区中的内容转换成 SmartArt 中的垂直列表。

(4) 在第四张幻灯片中插入图片 table.jpg,设置图片的动画效果为"泪滴形"动作路径。

(5) 将幻灯片大小设置为 35 毫米幻灯片,并为最后一张幻灯片中的图片创建超链接,单击图片转向第一张幻灯片。

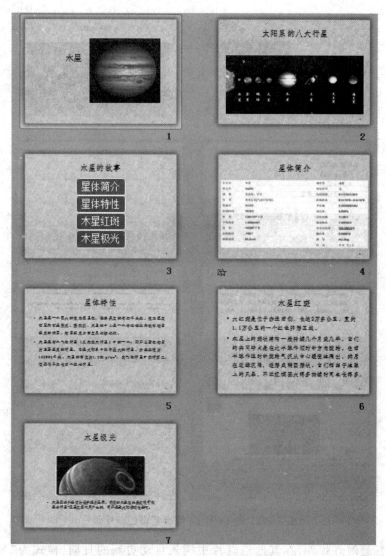

图 4-104 PowerPoint 综合实训(二)样张

(6) 将制作好的演示文稿以文件名 PT2.pptx 保存在"PowerPoint 素材\PowerPoint 综合实训"文件夹中。

PowerPoint 综合实训(三)

调入"PowerPoint 素材\ PowerPoint 综合实训"中的 PT3.pptx 文件,参考图 4-105 所示的样张进行设置,具体要求如下。

(1) 为所有幻灯片应用内置主题"角度",所有幻灯片切换效果为立方体(自左侧)。

(2) 为第三张幻灯片中带项目符号的文字创建超链接,分别指向具有相应标题的幻灯片。

(3) 在第四张幻灯片中插入图片 tx.jpg,设置图片高度、宽度缩放比例均为 120%,图片的动画效果为自右侧飞入。

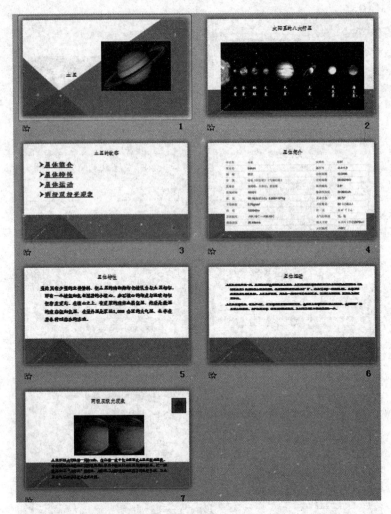

图 4-105　PowerPoint 综合实训(三)样张

　　(4) 除标题幻灯片外,在其他幻灯片中插入自动更新的日期(样式为"××××年××月××日")。

　　(5) 在最后一张幻灯片的右上角插入"第一张"动作按钮,单击时超链接到第一张幻灯片。

　　(6) 将制作好的演示文稿以文件名 PT3. pptx 保存在"PowerPoint 素材\PowerPoint 综合实训"文件夹中。

項目 **5**

因特网基础与简单应用

因特网已经成为人们获取信息的主要渠道,人们已经习惯每天到一些感兴趣的网站上看新闻、收发电子邮件、下载资料、与同事朋友在网上交流等。本项目将介绍一些常见的简单因特网应用和使用技巧。

5.1 项目提出

请在"答题"菜单下选择相应的命令,完成下面的内容。

(1) 某网站的主页地址是:计算机应用基础上机实训教程(Windows 7＋Office 2010)\上网题\Web\Index. htm,打开此主页,查找"评奖项目"页面内容,并将它以文本文件的格式保存到考生文件夹下,命名为 ljswks01. txt。

(2) 向财务部主任张小莉发送一封电子邮件,并将"考生"文件夹下的一个 Word 文档 123. docx 作为附件一起发出,同时抄送总经理王先生。

具体内容如下。

收件人:zhangxiaoli@126.com

抄送人:wangqiang@sohu.com

主题:差旅费统计表

函件内容:2015 年全年差旅费统计表,请审阅。具体计划见附件。

5.2 知识目标

(1) 掌握网页浏览,Web 页面的保存和阅读的方法。

(2) 掌握网页更改主页,历史记录、收藏夹的使用方法。

(3) 掌握信息搜索的方法。

(4) 掌握电子邮件的使用方法。

5.3 项目实施

任务 1:网上漫游

在因特网上浏览信息是因特网最普遍也是最受欢迎的应用之一,用户可以随心所欲地在信息的海洋中冲浪,获取各种有用的信息。在开始使用浏览器上网浏览之前,先介绍几个与浏览相关的概念。

1. 相关概念

1) 万维网

万维网(World Wide Web)有不少名字,如 3W、WWW、Web、全球信息网等。WWW是一种建立在因特网上的全球性的、交互的、动态的、多平台的、分布式的、超文本、超媒体信息查询系统,也是建立在因特网上的一种网络服务,其最主要的概念是超文本,遵循超文本传送协议(HTTP)。

WWW 网站中包含很多网页(又称 Web 页)。网页是用超文本置标语言(HyperText Markup Language,HTML)编写的,并在 HTTP 协议支持下运行。一个网站的第一个 Web 页称为主页或首页,它主要体现这个网站的特点和服务项目。每一个网页都由一个唯一的地址(URL)来表示。

2) 超文本和超链接

超文本(HyperText)中不仅包含文本信息,还可以包含图形、声音、图像和视频等多媒体信息。更重要的是超文本中还可以包含指向其他网页的链接,这种链接叫作超链接(HyperLink)。在一个超文本文件里可以包含多个超链接,它们把分布在本地或远程服务器中的各种形式的超文本文件链接在一起,形成一个纵横交错的链接网。用户可以打破传统阅读文本时顺序阅读的老规矩,而从一个网页跳转到另一个网页进行阅读。当鼠标指针移动到含有超链接的文字或图片时,指针会变成手的形状,文字也会改变颜色或加上下划线,表示此处有一个超链接,可以单击它转到另一个相关的网页,这对浏览来说非常方便。可以说超文本是实现浏览的基础。

3) 统一资源定位符

WWW 用统一资源定位符(URL)来描述网页的地址和访问它时所用的协议。因特网上几乎所有功能都可以通过在 WWW 浏览器里输入 URL 地址实现,通过 URL 标识因特网中网页的位置。

URL 的格式如下。

协议://IP 地址或域名/路径/文件名

其中,协议就是服务方式或获取数据的方法,常见的有 HTTP 协议、FTP 协议等;协议后的冒号加双斜杠表示接下来是存放资源的主角的 IP 地址或域名;路径和文件名是用路径的形式表示 Web 页在主机中的具体位置(如文件夹、文件名等)。

4) 浏览器

浏览器是浏览 WWW 内容的工具,安装在用户的计算机上,是一种客户端软件。它能够把用超文本置标语言描述的信息转换成便于理解的形式。此外,它还是用户与 WWW 之间的桥梁,把用户对信息的请求转换成网络上计算机能够识别的命令。浏览器有很多种,目前最常用的 Web 浏览器有 Microsoft 公司的 Internet Explorer(IE)和 Google 公司的 Chrome。除此之外,还有很多浏览器,如 Opera、Firefox、Safari 等。

5）文件传送协议

文件传送协议（File Transfer Protocol，FTP）用于在 Internet 上控制文件的双向传送。同时，它也是一个应用程序（Application）。基于不同的操作系统有不同的 FTP 应用程序，而所有这些应用程序都遵守同一种协议以传送文件。在 FTP 的使用当中，用户经常遇到两个概念：下载（Download）和上传（Upload）。下载文件就是从远程主机复制文件至自己的计算机上；上传文件就是将文件从自己的计算机中复制至远程主机上。用 Internet 语言来说，用户可通过客户端程序向（从）远程主机上传（下载）文件。

与大多数 Internet 服务一样，FTP 也是一个客户/服务器系统。用户通过一个支持 FTP 协议的客户端程序，连接到远程主机上的 FTP 服务器程序。用户通过客户端程序向服务器程序发出命令，服务器程序执行用户所发出的命令，并将执行的结果返回客户端。比如说，用户发出一条命令，要求服务器向用户传送某一个文件的一份副本，服务器会响应这条命令，将指定文件送至用户的机器上。客户端程序代表用户接收到这个文件，将其存放在用户目录中。

2. 浏览网页

浏览 WWW 必须使用浏览器。下面以 Windows 7 系统上的 Internet Explorer 9（以下简称 IE 9）为例，介绍浏览器的常用功能及操作方法。本书中使用的浏览器除另作说明外，均指 IE 9。

1）IE 9 的启动和关闭

有如下两种方法启动 IE 9。

方法一：单击 Windows 桌面任务栏上的"开始"按钮 ，在"所有程序"菜单中找到 Internet Explorer ，单击该命令即可打开 IE 9 浏览器。

方法二：在桌面及任务栏上设置 IE 9 的快捷方式，直接单击快捷方式图标即可打开 IE 9 浏览器。

有如下 4 种方法关闭 IE 9。

方法一：单击 IE 9 窗口右上角的"关闭"按钮。

方法二：单击 IE 9 窗口左上角的窗口控制图标，在弹出的菜单中选择"关闭"命令。

方法三：在任务栏的 IE 图标上右击，在弹出的菜单中单击"关闭窗口"按钮。

方法四：按 Alt+F4 组合键。

注意：IE 9 是一个选项卡式的浏览器，也就是可以在一个窗口中打开多个网页。因此在关闭时会提示选择"关闭所有选项卡"或"关闭当前的选项卡"。

2）IE 9 的窗口

启动 IE 9 后首先会发现该浏览器经过简化设计，界面十分简洁。窗口内会打开一个选项卡，即默认主页。例如，图 5-1 所示是百度的首页，可以看出 IE 9 界面上没有类似以往 Windows 应用程序窗口上的功能按钮，使用户有更多的空间来浏览网站。

IE 9 窗口上方罗列了最常用的功能。

使用"前进""后退"按钮可以在浏览记录中前进与后退，能使用户方便地返回以前访问过的页面。IE 9 中的地址栏 https://www.baidu.com/ 将地址栏与搜索栏合二为

图 5-1　IE 9 的窗口

一，也就是说，用户不仅可以输入要访问的网站地址，也可以直接在地址栏输入关键词实现搜索，并且单击 ▾ 按钮打开下拉列表时能看到收藏夹、历史记录，非常省时省力。 c× 按钮提供对页面的刷新或停止功能。

选项卡 百度一下，你就知道 ✕ 中显示了页面的名字，如图 5-1 所示，标题是"百度一下，你就知道"。选项卡自动出现在地址栏右侧，也可以把它们移动到地址栏下面，像以前版本的 IE 那样。单击标题右边的"关闭"按钮可以关闭当前的页面。既然是选项卡式的浏览器，就可以打开多个选项卡，将鼠标指针移动到选项卡右边的 ▆ 区域上，它会变成 ▣ ，单击它就可以新建一个选项卡，与之前的选项卡并列在一行上。也可以通过 Ctrl＋T 组合键来新建选项卡。

IE 窗口最右侧有 3 个功能按钮 ⌂ ★ ⚙ ，它们的功能如下。

主页：每次打开 IE 会打开一个选项卡，选项卡中默认显示主页。主页的地址可以在 Internet 选项中设置，并且可以设置多个主页，这样打开 IE 就会打开多个选项卡显示多主页内容。

收藏夹：IE 9 将收藏夹、源和历史记录集成在一起了，单击收藏夹就可以展开小窗口。

工具：单击工具按钮，可以看到"打印""文件""Internet 选项"等命令。

IE 窗口右上角是 Windows 窗口常用的 3 个窗口控制按钮，依次为"最小化""最大化/还原""关闭"按钮。

注意：如果有多个选项卡存在时，单击 IE 窗口右上角的 ▣ 按钮，IE 会提示"关闭所有选项卡还是关闭当前的选项卡"，如图 5-2 所示，如果选中"总是关闭所有选项卡"复选框，则以后都会默认关闭所有选项卡。

3）页面浏览

浏览一个页面没有严格的顺序要求，只要按主页一般的约定和习惯就可以。浏览通常会用到如下操作。

（1）输入 Web 地址。将插入点置于地址栏内就可以输入 Web 地址了。IE 为地址输入提供了很多方便，如用户不用输入像 http://、ftp:// 这样的协议开始部分，IE 会自动补上。还有，用户第一次输入某个地址时，只需输入开始的几个字符，IE 就会检查保存过的地址并把开始几个字符与用户输入的字符符合的地址罗列出来供用户选择。用户可以用鼠标上下移动选择其一，然后单击它即可转到相应地址。如图 5-3 所示，当输入字母 s后，IE 会列出多个域名第一个字母为 s 的页面地址，只要从中选定所需的一个单击就可以了，不必输入完整的 URL。

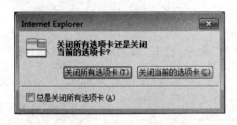

图 5-2　IE 9 浏览器的关闭提示

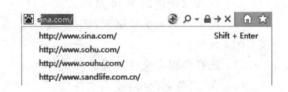

图 5-3　页面地址 URL 的输入

输入 Web 地址后，按 Enter 键或单击"转到"按钮，浏览器就会按照地址栏中的地址转到相应的网站或页面。

（2）浏览网页。进入页面后即可浏览了。某个 Web 站点的第一页称为主页或首页，主页上通常都设有类似目录一样的网站索引，表述网站设有哪些主要栏目、近期要闻或改动等。需要注意的是，网页上有很多链接，它们或显现不同的颜色，或有下划线，或是图片，最明显的标志是鼠标光标移到其上时，光标会变成手的形状。单击一个链接就可以从一个页面转到另一个页面，再单击新页面中的链接又能转到其他页面。以此类推，便可沿着链接前进，就像从一个浪尖转到另一个浪尖一样，所以人们把浏览比作"冲浪"。要注意的是，有的链接单击之后会使本窗口页面内容改变，跳转到链接的页面，而有的链接单击之后会打开一个新的选项卡去显示页面。对于前者，可以在超链接上右击，在弹出的菜单中选择"在新选项卡中打开"命令，这样就可以在新的选项卡中打开页面了。同时，IE 9也支持在新的 IE 窗口中打开跳转页面。

在浏览时，可能需要返回前面曾经浏览过的页面。此时，可以使用前面提到的"后退""前进"按钮来浏览最近访问过的页面。

单击"主页"按钮，可以返回启动 IE 时默认显示的 Web 页。

　　单击"后退"按钮,可以返回上次访问过的 Web 页。

　　单击"前进"按钮,可以返回单击"后退"按钮前看过的 Web 页。

　　在单击"后退"和"前进"按钮时,可以按住鼠标左键不放,会打开一个下拉列表,列出最近浏览过的几个页面,单击选定的页面,就可以直接转到该页面。

　　单击"停止"按钮,可以终止当前的页面文件的下载。

　　单击"刷新"按钮,可以重新传送该页面的内容。

　　IE 浏览器还提供了许多其他的浏览方法,以便用户使用,利用"历史""收藏夹"等工具提高浏览效率。

　　此外,很多网站(如 Yahoo、Sohu 等)都提供到其他站点的导航,还有一些专门的导航网站(如百度网址大全、hao123 等),可以在上面通过分类目录导航的方式浏览网页。

3. Web 页面的保存和阅读

　　在浏览过程中,常常会遇到一些精彩或有价值的页面需要保存下来,待以后慢慢阅读,或复制到其他地方。而且有的因特网接入方式是按上网时间计费,因此将 Web 页保存到硬盘上也是一种经济的上网方式。

　　1) 保存 Web 页面

　　保存全部 Web 页的具体操作步骤如下。

　　(1) 打开要保存的 Web 页面。

　　(2) 按 Alt 键显示菜单栏,选择"文件"→"另存为"命令,打开"保存网页"对话框,或按 Ctrl＋S 组合键。

　　(3) 选择要保存文件的盘符和文件夹。

　　(4) 在"文件名"框内输入文件名。

　　(5) 在"保存类型"框中,根据需要可以从"网页,全部""Web 档案,单个文件""网页,仅 HTML""文本文件"四类中选择一种。文本文件节省存储空间,但是只能保存文字信息,不能保存图片等多媒体信息。

　　(6) 单击"保存"按钮保存。

　　2) 打开已保存的 Web 页

　　对已保存的 Web 页,可以不用连接到因特网即可打开阅读,因为网页的内容已经保存在本机上了,不再需要上网下载了。打开已保存 Web 页的具体操作如下。

　　(1) 在 IE 9 窗口中选择"文件"→"打开"命令,显示"打开"对话框。

　　(2) 在"打开"对话框的打开文本框中输入所保存的 Web 页的盘符和文件夹名,也可以单击"浏览"按钮,直接从文件夹目录中指定所要打开的 Web 页文件。

　　(3) 单击"确定"按钮,就可以打开指定的 Web 页。

　　3) 保存部分 Web 页面内容的操作步骤

　　有时候需要的并不是页面上的所有信息,这时可以灵活运用 Ctrl＋C(复制)和 Ctrl＋V(粘贴)组合键将 Web 页面上部分感兴趣的内容复制、粘贴到某一个空白文件上。具体操作步骤如下。

　　(1) 用鼠标选定想要保存的页面文字。

　　(2) 按 Ctrl＋C 组合键,将选定的内容复制到剪贴板。

（3）打开一个空白的 Word 文档或记事本，按 Ctrl＋V 组合键将剪贴板中的内容粘贴到文档中。

（4）给定文件名和指定保存位置，保存文档。

注意：保存在记事本里的文字不会保留页面上的字体和样式，超链接也会失效。

4）保存图片、音频等文件

网上的内容是非常丰富的，浏览时除了保存文字信息，还经常会保存一些图片。保存图片的具体操作步骤如下。

（1）在图片上右击。

（2）在弹出的快捷菜单上选择"图片另存为"命令，打开"保存图片"对话框。

（3）在对话框内选择要保存的路径，并输入图片的名称。

（4）单击"保存"按钮。

5）保存音频、视频文件和压缩文件等

因特网上的超链接都指向一个资源，这个资源可以是一个 Web 页面，也可以是声音文件、视频文件、压缩文件等文件。要下载保存这些资源，具体操作步骤如下。

（1）在超链接上右击。

（2）在弹出的快捷菜单上选择"目标另存为"命令，打开"另存为"对话框。

（3）在对话框内选择要保存的路径，并输入要保存的文件的名称。

（4）单击"保存"按钮。这时，在 IE 9 底部会出现一个下载传输状态窗口，如图 5-4 所示，其中包括下载完成百分比，估计剩余时间等信息和取消等控制功能。单击"查看下载"按钮可以打开"查看下载"窗口，如图 5-5 所示，其中列出通过 IE 下载的文件列表，以及它们的状态和保存位置等信息，方便用户查看和追踪下载的文件。

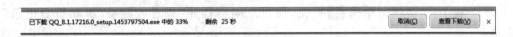

图 5-4　IE 9 下载状态

4. 更改主页

这里的"主页"是指每次启动 IE 后最先显示的页面，为了节约时间，可以将它设置为最频繁查看的网站。更改主页的步骤如下。

（1）打开 IE 9 窗口。

（2）选择"工具"→"Internet 选项"命令，打开"Internet 选项"对话框。

（3）单击"常规"标签，打开"常规"选项卡。

（4）在"主页"组中，单击"使用当前页"按钮，此时，地址框中就会填入当前 IE 浏览的 Web 页的地址；也可以在地址框中输入自己想设置为主页的页面地址；也可以单击"常规"选项卡中的"使用空白页"按钮。

（5）单击"确定"或"应用"按钮。

5. "历史记录"的使用

IE 会自动将浏览过的网页地址按日期先后保留在历史记录中，以备查用。灵活利用

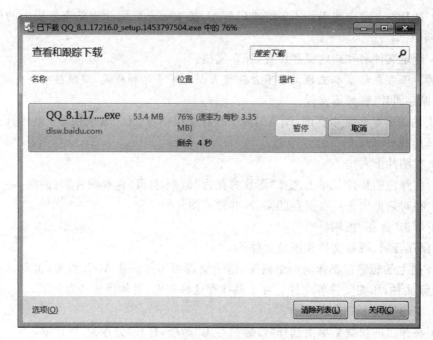

图 5-5　IE 9 查看下载任务

历史记录也可以提高浏览效率。历史记录保留期限的长短可以设置,如果磁盘空间充裕,保留天数可以多些,否则可以少一些。用户也可以随时删除历史记录。下面简单介绍历史记录的利用和设置。

1)"历史记录"的浏览

(1) 在 IE 9 窗口上单击 ★ 按钮,窗口左侧会打开"查看收藏夹、源和历史记录"窗格。

(2) 选择"历史记录"选项卡,搜索历史记录。

(3) 在默认的"按日期查看"方式下,单击指定日期的图标 ▦ ,进入下一级文件夹。

(4) 单击所需的网页文件夹图标 🎇 。

(5) 单击某个网页地址图标,即可打开该网页进行浏览。

2)"历史记录"的设置和删除

对"历史记录"设置保存天数和删除的操作如下。

(1) 选择"工具"→"Internet 选项"命令,打开"Internet 选项"对话框。

(2) 单击"常规"标签,打开"常规"选项卡,如图 5-6 所示。

(3) 单击"浏览历史记录"组中的"设置"按钮,打开设置窗口,在下方输入天数,系统默认为 20 天。

(4) 如果要删除所有的历史记录,单击"删除"按钮。在弹出的"确认"窗口中选择要删除的内容。

(5) 单击"确定"按钮,关闭"Internet 选项"对话框。

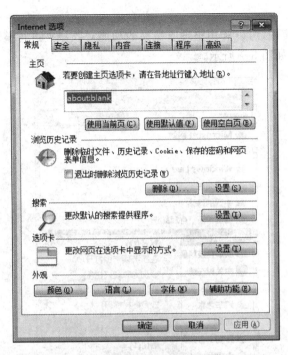

图 5-6 "Internet 选项"对话框中的"常规"选项卡

6. 收藏夹的使用

在网上浏览时,人们总希望将喜爱的网页地址保存起来以备使用。IE 提供的收藏夹提供保存 Web 页面地址的功能。收藏夹有两个明显的优点:①收入收藏夹的网页地址可由浏览者给定一个简明的、便于记忆的名字,当鼠标指针指向此名字时,会同时显示对应的 Web 页地址。单击该名字就可以转到相应的 Web 页,省去了在地址栏输入地址的操作。②收藏夹的机制很像资源管理器,管理、操作都很方便。掌握收藏夹的操作对提高浏览网页的效率是很有益的。

1)将 Web 页地址添加到收藏夹中

往收藏夹里添加 Web 页地址的方法很多,而且都很方便。常用的方法如下。

(1)打开要收藏的网页。

(2)单击 ★ 按钮,在打开的窗格中选择"收藏夹"选项卡。

(3)单击"添加到收藏夹"按钮,在随后打开的"添加收藏"对话框中,选择要保存到的文件夹位置。

(4)在"名称"框中,输入设定的文件名称,或直接使用系统给定的文件名称。

(5)单击"确定"按钮,就会在收藏夹中就添加一个网页地址。

2)使用收藏夹中的地址

使用收藏地址的常用方法如下。

(1)单击 ★ 按钮,在打开的窗格中选择"收藏夹"选项卡。

(2)单击所需的 Web 页名称,就可以转向相应的 Web 页。

3) 整理收藏夹

为便于查找和使用,可以利用整理收藏夹的功能对收藏夹进行整理,使其中的网页地址存放得更有条理,如图 5-7 所示。

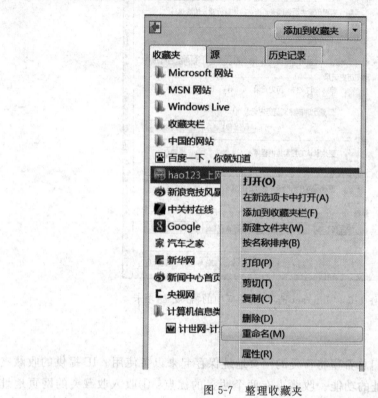

图 5-7　整理收藏夹

在"收藏夹"选项卡中,可以在文件夹或 Web 页上右击,在弹出的快捷菜单中选择"复制""剪切""重命名""删除""新建文件夹"等命令,还可以使用拖曳的方式移动文件夹和 Web 页的位置,从而改变收藏夹的组织结构。

任务 2:信息的搜索

因特网就像一个浩瀚的信息海洋,如何在其中搜索到自己需要的有用信息,是每个因特网用户都会遇到的问题。最常用的方法是利用搜索引擎,根据关键词来搜索需要的信息。

实际上,因特网上有不少好的搜索引擎,如百度(www. baidu. com)、谷歌(www. google. com)、搜狗(www. sogou. com)等。这里以百度为例,介绍一些最简单的信息检索方法,以提高信息检索效率。

具体操作步骤如下。

(1) 在 IE 9 的地址栏中输入 www. baidu. com,打开百度主页。在搜索文本框中输入关键词,如"奥运会比赛项目",如图 5-8 所示。

(2) 单击文本框后面的"百度一下"按钮,开始搜索,如图 5-9 所示。

图 5-8　百度主页

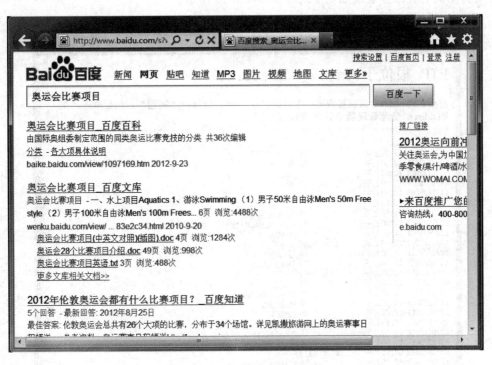

图 5-9　搜索结果页面

（3）在搜索结果页面中列出了所有包含关键词的网页地址，单击某一项就可以转到相应网页查看内容了。

另外，从图 5-8 可以看出，关键词文本框上方除了默认选中的"网页"外，还有"新闻""知道""MP3""图片""视频"等标签。在搜索的时候，选择不同标签就可以针对不同的目标进行搜索，大大提高搜索的效率。

其他搜索引擎的使用和百度基本类似。

任务 3：使用 FTP 传送文件

浏览器除了能够搜索信息外，还可以以 Web 方式访问 FTP 站点，如果访问的是匿名 FTP 站点，则浏览器可以自动匿名登录。

当要登录一个 FTP 站点时，打开 IE 9 浏览器，在地址栏输入 FTP 站点的 URL。需要注意的是，因为要浏览的是 FTP 站点，所以 URL 的协议部分应该输入"ftp://"，例如一个完整的 FTP 站点 URL 如下（下面为上海交通大学的 FTP 站点 URL）。

```
ftp://ftp.sjtu.edu.cn
```

使用 IE 浏览器访问 FTP 站点并下载文件的操作步骤如下。

（1）打开 IE 浏览器，在地址栏中输入要访问的 FTP 站点地址，如 ftp://ftp.sjtu.edu.cn。

（2）若不是匿名站点，则 IE 提示输入用户名和密码，然后再登录；如果是匿名站点，IE 会自动匿名登录。登录成功后的界面如图 5-10 所示。

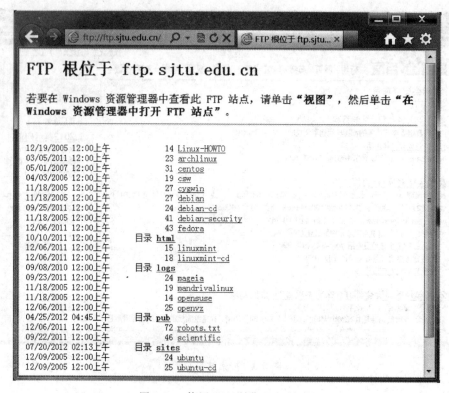

图 5-10   使用 IE 9 浏览 FTP 站点

（3）若需下载文件，则在链接上右击，在弹出的快捷菜单中选择"目标另存为"命令，即可以将文件下载到本地计算机上。

另外，也可以在 Windows 资源管理器中查看 FTP 站点，操作步骤如下。

（1）在"开始"按钮上右击，在弹出的快捷菜单中选择"打开 Windows 资源管理器"命令，或在桌面上找到"计算机"图标并双击打开。

（2）在资源管理器的地址栏输入 FTP 站点地址，按 Enter 键。如图 5-11 所示，就和访问本机的资源管理器一样，可以双击某个文件夹进入浏览。

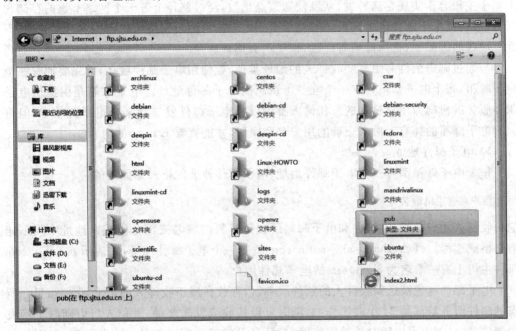

图 5-11　用 Windows 资源管理器访问 FTP 站点

（3）当有文件或文件夹需要下载时，可以在该文件或文件夹的图标上右击，在弹出的快捷菜单中选择"复制到文件夹"命令，在弹出的"浏览文件夹"对话框中选择目的文件夹，然后单击"确定"按钮。

（4）弹出一个"正在复制"对话框，如图 5-12 所示，在这个对话框中，可以看到复制的文件名称、复制到的文件夹以及下载进度条和估算的剩余时间。

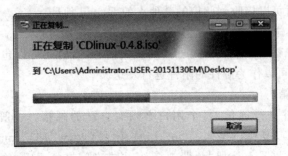

图 5-12　"正在复制"对话框

（5）复制完成后，"正在复制"对话框会自动关闭，到目的文件夹中查看，就可以看到文件已经被下载到本地磁盘中了。

任务4：电子邮件

1. 电子邮件概述

电子邮件(E-mail)是因特网上使用非常广泛的一种服务。类似于普通生活中邮件的传递方式，电子邮件采用存储转发的方式进行传递，电子邮件地址(E-mail Address)由网上多个主机合作实现存储转发，从发信源节点出发，经过路径上若干个网络节点的存储和转发，最终使电子邮件传送到目的邮箱。由于电子邮件通过网络传送，具有方便、快速，不受地域或时间限制，费用低廉等优点，很受广大用户欢迎。

与通过邮寄信件必须写明收件人的地址类似，要使用电子邮件服务，首先要拥有一个电子邮箱，每个电子邮箱具有一个唯一可识别的电子邮件地址。电子邮箱是由提供电子邮件服务的机构为用户建立的。任何人都可以将电子邮件发送到某个电子邮箱中，但是只有电子邮箱的拥有者输入正确的用户名和密码，才能查看 E-mail 的内容。

1) 电子邮件地址

每个电子邮箱都有一个电子邮件地址，电子邮件地址的格式是固定的：

用户名@主机域名

它由收件人用户标识、字符@和电子邮箱所在计算机的域名三部分组成。地址中间不能有空格或逗号。例如，zhangsan@sohu.com 就是一个电子邮件地址，它表示在 sohu.com 邮件主机上有一个名为 zhangsan 的电子邮件用户。

电子邮件首先被送到收件人的邮件服务器，存放在属于收件人的 E-mail 邮箱里。所有的邮件服务器都是 24 小时工作的，随时可以接收或发送邮件，发信人可以随时上网发送邮件，收件人也可以随时连接因特网，打开自己的邮箱阅读邮件。由此可知，在因特网上收发电子邮件不受地域或时间的限制，双方的计算机并不需要同时打开。

2) 电子邮件的格式

电子邮件都由两个基本的组成部分：信头和信体。信头相当于信封，信体相当于信件内容。

（1）信头。信头中通常包括如下几项。

收件人：收件人的 E-mail 地址。多个收件人地址之间用分号(;)隔开。

抄送：表示同时可以接收到此信的其他人的 E-mail 地址。

主题：类似一本书的章节标题，它概括描述邮件的主题，可以是一句话或一个词。

（2）信体。信体就是希望收件人看到的正文内容，有时还可以包含附件，比如照片、音频、文档等文件都可以作为邮件的附件进行发送。

3) 申请免费邮箱

要使用电子邮件进行通信，每个用户必须有自己的邮箱。一般大型网站，如新浪(www.sina.com.cn)、搜狐(www.sohu.com)、网易(www.163.com)等都提供免费邮箱。下面简单介绍在网易上注册"免费邮箱"：当进入网易主页后，单击"注册免费邮箱"按钮，如图 5-13 所示，就可以进入"网易邮箱"页面，然后按要求逐 填写必要的信息，如用户名、密码等，进行注册。注册成功后，就可以登录此邮箱收发电子邮件了。

图 5-13　申请免费电子邮箱示例图

2. Outlook 2010 的使用

除了在 Web 页上进行电子邮件的收发，还可以使用电子邮件客户端软件。在日常应用中，使用后者更加方便，功能也更为强大。目前电子邮件客户端软件很多，如 Foxmail、金山邮件、Outlook 等都是常用的收发电子邮件客户端软件。虽然各软件的界面各有不同，但其操作方式基本都是类似的。例如，要发电子邮件，就必须填写收件人的邮件地址以及主题和邮件主体。下面以 Microsoft Outlook 2010 为例详细介绍电子邮件的撰写、收发、阅读、回复和转发等操作。

1）账号的设置

在使用 Outlook 收发电子邮件之前，必须先对 Outlook 进行账号设置。打开 Outlook 2010 后，在"文件"→"信息"中单击"添加账号"按钮，如图 5-14 所示，打开如图 5-15

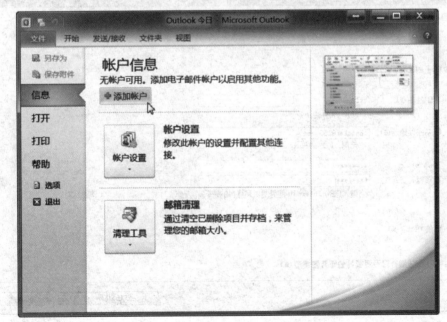

图 5-14　Outlook 账户信息

所示的"添加新账户"对话框。选中"电子邮件账户"单选按钮,单击"下一步"按钮。在图 5-16 中正确填写 E-mail 地址和密码等信息,单击"下一步"按钮,Outlook 会自动联系邮箱服务器进行账户配置,稍后就会显示如图 5-17 所示的内容,说明账户配置成功。

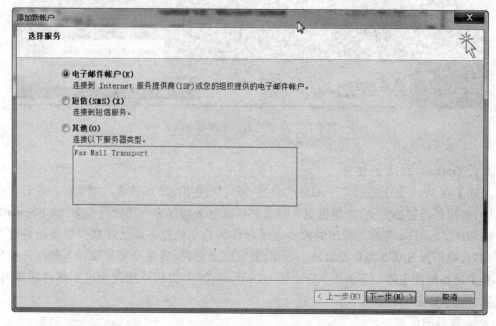

图 5-15　添加新账户

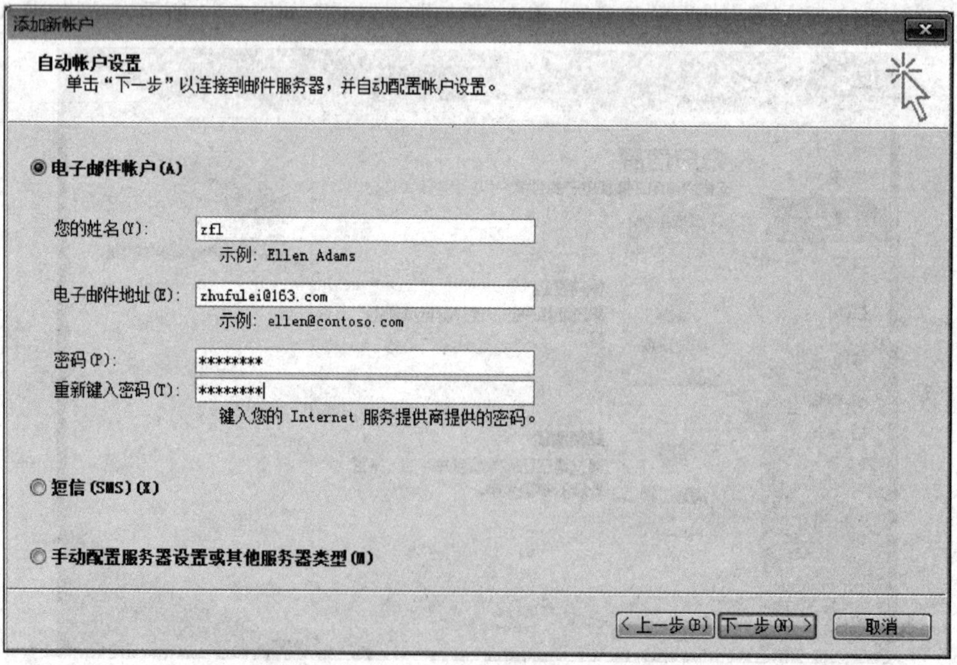

图 5-16　设置账户信息

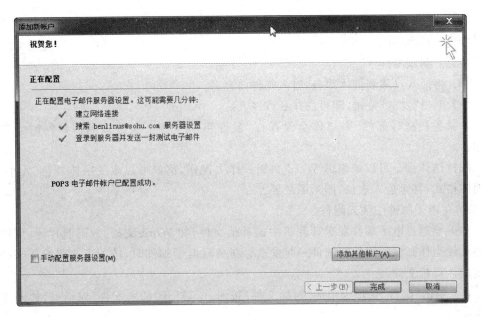

图 5-17 添加账号成功

完成后,在"文件"→"信息"中账户信息下就可看到账户 zhufulei@163.com,此时就可以使用 Outlook 进行邮件收发了。

2)撰写与发送邮件

账户设置好后就可以收发电子邮件了。先试着给自己发送一封实验邮件,具体操作如下。

(1)启动 Outlook。

(2)单击"开始"选项卡中的"新建电子邮件"按钮,出现如图 5-18 所示的撰写新邮件窗口。窗口上半部为信头,下半部为信体。将插入点依次移到信头相应位置,并填写如下各项。

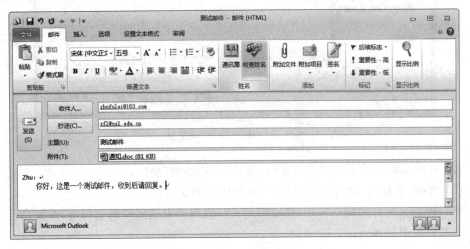

图 5-18 撰写新邮件窗口

收件人：zhufulei@163.com

抄送：zfl@usl.edu.cn

主题：测试邮件

(3) 将插入点移到信体部分,输入邮件内容。

(4) 单击"发送"按钮,即可发往各收件人。

如果脱机撰写邮件,则邮件会保存在"发件箱"中,待下次连接到因特网时会自动发出。

邮件信体部分可以像编辑 Word 文档一样去操作,例如可以改变字体颜色、大小,调整对齐格式,甚至插入表格、图形图片等。

3) 在电子邮件中插入附件

如果要通过电子邮件发送计算机中的其他文件,如 Word 文档、数码照片等,可以将这些文件当作邮件的附件随邮件一起发送。在撰写电子邮件时,按如下步骤操作来插入指定的计算机文件。

(1) 单击"邮件"选项卡中的"附加文件"按钮 ,打开"插入文件"对话框,如图 5-19所示。

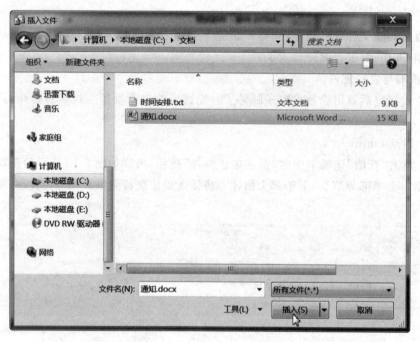

图 5-19　"插入文件"对话框

(2) 在对话框中选定要插入的文件,然后单击"插入"按钮。

(3) 此时,在邮件"附件"框中就会列出所附加的文件名。

另一种插入附件的简单方法,是直接把文件拖曳到发送邮件的窗口上,系统会自动将它作为邮件的附件插入。

4）密件抄送

有时候需要将一封邮件发送给多个收件人，但不希望多个收件人看到这封邮件都发给了谁，就可以采取密件抄送的方式。

虽然在"收件人""抄送"或"密件抄送"栏中填入多个 E-mail 都能使多人收到邮件，但它们还是有区别的。"收件人"与"抄送"的区别在于："收件人"收到邮件后可能需要回复或采取其他措施，而"抄送"则不必。"收件人"（或"抄送"）与"密件抄送"的区别在于："收件人"（或"抄送"）能够知道邮件发给了哪些人，而"密件抄送"则不知。例如，如果按如下设置发送邮件。

收件人：gaoyun@sina.com

抄送：zhangtao@163.com；liyi@sohu.com

密件抄送：zhufulei@163.com

那么该邮件将发送给收件人、抄送和密件抄送中列出的所有人，但 zhangtao@163.com 和 liyi@sohu.com 不会知道 zhufulei@163.com 也收到了该邮件。密件抄送中列出的邮件接收人彼此之间也不知道谁收到邮件。本例中，zhufulei@163.com 知道 zhangtao@163.com 和 liyi@sohu.com 收到了邮件副本。

5）接收和阅读邮件

一般情况下，启动 Outlook 后，会默认自动接收邮件。如果任意时间想要查看是否有电子邮件，则单击工具栏上的"发送/接收"按钮即可。阅读邮件的操作如下。

（1）单击 Outlook 窗口左侧的 Outlook 栏中的"收件箱"按钮。

（2）在随之出现的预览邮件窗口中，从邮件列表区中选择一个邮件并单击，则该邮件内容便显示在邮件预览区中，如图 5-20 所示。

图 5-20　预览邮件窗口

（3）若要详细阅读或对邮件做各种操作，可以双击邮件列表区中的某个邮件，在弹出的阅读邮件窗口中阅读即可，如图 5-21 所示。

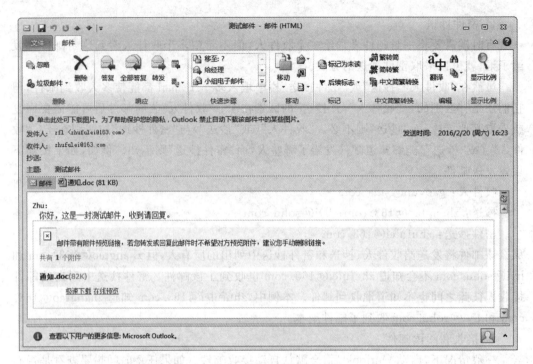

图 5-21　邮件阅读窗口

当阅读完一封邮件后,可直接单击窗口的"关闭"按钮,结束此邮件的阅读。

6)阅读和保存附件

如果邮件含有附件,则在邮件图标右侧会列出附件名称,如图 5-22 所示。需要查看附件内容时,可单击附件名称,在 Outlook 中预览,如本例中的"通知.doc"。若某些不是文档的文件无法在 Outlook 中预览,则可以双击附件名将它打开。

图 5-22　"附件"显示位置

如果要保存附件到另外的文件夹中,可右击文件名,在弹出的快捷菜单中选择"另存为"命令,在打开的"保存附件"对话框中指定保存路径,如图 5-23 所示,单击"保存"按钮。

7)回信与转发

(1)回复邮件。看完一封邮件需要回复时,可以按如下步骤操作。

① 在邮件阅读窗口中,单击"答复"或"全部答复"按钮,如图 5-24 所示,在随之弹出的回信窗口中,发件人和收件人的地址已由系统自动填好,原信件的内容也都显示出来作为引用内容。

② 编写回信,这里允许原信内容和回信内容交叉,以便引用原信语句。

③ 回信内容就绪后,单击"发送"按钮,就可以完成回信任务。

(2)转发。如果觉得有必要让更多的人也阅读自己收到的这封信,例如,用邮件发布的通知、文件等,就可以转发该邮件,可进行如下操作。

① 对于刚阅读过的邮件,直接在邮件阅读窗口上单击"转发"按钮。对于收件箱中的邮件,可以先选中要转发的邮件,然后单击"转发"按钮。之后,均可进入类似回复窗口那样的转发邮件窗口。

图 5-23　"保存附件"对话框

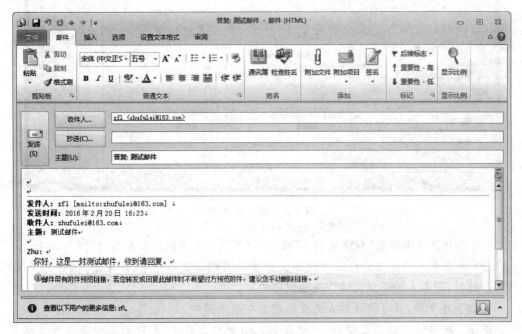

图 5-24　回信窗口

② 填入收件人地址,多个地址之间用逗号或分号隔开。

③ 必要时,在待转发的邮件之下撰写附加信息。最后,单击"发送"按钮,完成转发。

8) 联系人的使用

联系人是 Outlook 中十分有用的工具之一。利用联系人功能,不但可以像普通通讯录那样保存联系人的 E-mail 地址、邮编、通讯地址、电话和传真号码等信息,而且还可以自动填写电子邮件地址、电话拨号等功能。下面简单介绍联系人的创建和使用。

添加联系人信息的具体步骤如下。

(1) 在 Outlook"开始"选项卡中左下角单击"联系人"按钮,打开联系人视图,如图 5-25 所示。

图 5-25　联系人视图

(2) 在功能区中单击"新建联系人"按钮,打开联系人资料填写窗口,如图 5-26 所示。

(3) 将联系人的各项信息输入到相关选项卡的相应文本框中,并单击"保存并关闭"按钮。此时,联系人的信息就建立在通讯簿中了。

完成上述 3 步,就可将联系人的信息建立在通讯簿中。

提示:在邮件的预览窗口中,可以在 E-mail 地址上右击,在弹出的快捷菜单中选择"添加到 Outlook 联系人"命令,即可将该电子邮件地址添加到联系人中,如图 5-27 所示。

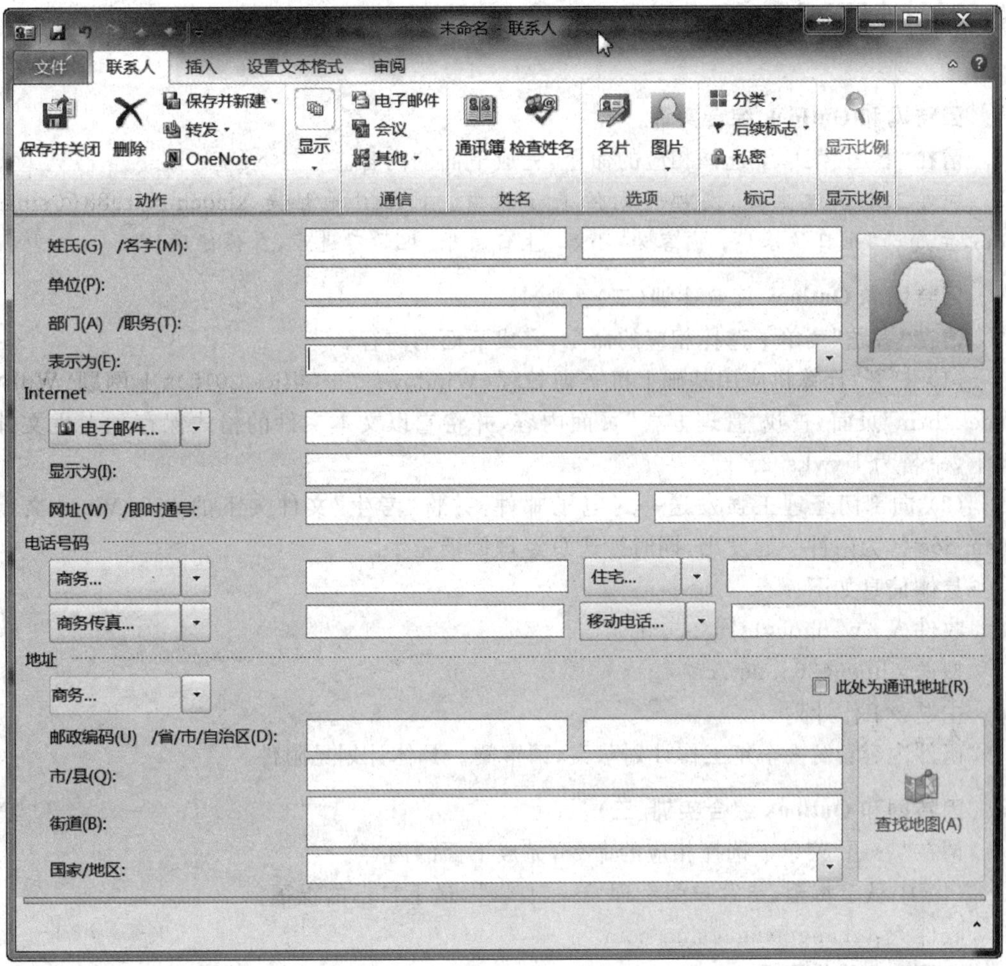

图 5-26　“新建联系人”视图

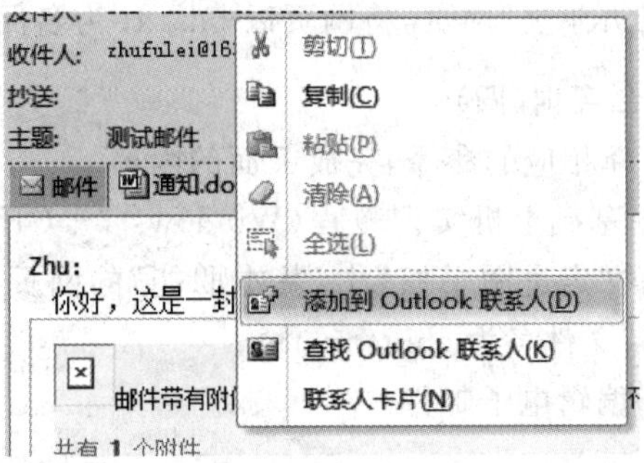

图 5-27　将邮件中的 E-mail 地址添加到联系人中

5.4　因特网和 Outlook 综合实训

因特网和 Outlook 综合实训(一)

请在"答题"菜单下选择相应的命令,完成下面的内容。

同学王晓春过生日,发邮件向他表示祝贺。E-mail 地址是 xiaochun-1988@sina.com,主题为"生日快乐!";内容为"小春,生日快乐,祝学习进步,身体健康!"

因特网和 Outlook 综合实训(二)

请在"答题"菜单下选择相应的命令,完成下面的内容。

(1) 打开"计算机应用基础上机实训教程(Windows 7＋Office 2010)\上网题\Wdb\Index.htm"页面,查找"管理方式"页面内容,并将它以文本文件的格式保存到考生文件夹下,命名为 1jswks02.txt。

(2) 向部门经理王强发送一封电子邮件,并将"考生"文件夹下的一个 Word 文档 plan.doc 作为附件一起发出,同时抄送总经理柳扬先生。

具体信息如下。

收件人: wangq@bj163.com

抄送: liuy@263.net.cn

主题: 工作计划

函件内容: 发去全年工作计划草案,请审阅。具体计划见附件。

因特网和 Outlook 综合实训(三)

请在"答题"菜单下选择相应的命令,完成下面的内容。

(1) 中秋节将至,给客户张经理发一封邮件,送上自己的祝福。

收件人: zhangqiang@sina.com

主题: 中秋节快乐

内容: 张总,祝您节日快乐,身体健康,工作顺利!

(2) 打开"计算机应用基础上机实训教程(Windows 7＋Office 2010)\上网题\Wdb\Index.htm"页面,找到"诺贝尔奖"网页,将网页以 bd.txt 为名保存在考试文件夹内。

因特网和 Outlook 综合实训(四)

请在"答题"菜单下选择相应的命令,完成下面的内容。

(1) 打开"计算机应用基础上机实训教程(Windows 7＋Office 2010)\上网题\Wdb\Index.htm"页面,浏览有关"走进图书馆"中"基本职能"的网页,将该页内容以文本文件的格式保存到考生目录下,文件名为 zhineng.txt。

(2) 用 Outlook 2010 编辑电子邮件。

收信人: tiudisu@163.com

主题: 交稿

附件: 将"考生"文件夹下的 gaojian.txt 作为附件一起发送。

正文: 您好! 附件是稿件,请查阅,收到请回信。

因特网和 Outlook 综合实训（五）

请在"答题"菜单下选择相应的命令，完成下面的内容。

（1）接收来自 zhangpeng 1989@163.com 的邮件，并回复该邮件。主题为"来信已收到"，正文内容为"收到信件，我肯定会第一个到！"。

（2）打开"计算机应用基础上机实训教程（Windows 7＋Office 2010）\上网题\Wdb\Index.htm"页面，浏览"走进图书馆"网页详细浏览。并将该网页中"业务内容"的内容以文本形式复制到一个新文本文件中，并以"业务内容.txt"为文件名保存到考生文件夹下。

项目 6

模拟练习（一级 B）

模拟练习 1

1. 编辑文稿操作

调入"模拟练习\考生文件夹 1"中的 ed1.docx 文件，参考样张（见图 6-1）按下列要求进行操作。

图 6-1 Word 文稿样张（一）

（1）将页面设置为：A4 纸，上、下、左、右页边距均为 3 厘米，每页 40 行，每行 38 个字符。

（2）给文章加标题"智能家居"，设置其格式为黑体、二号字、标准色-红色、字符间距加宽 5 磅，居中显示。

（3）设置正文第一段首字下沉 3 行，首字字体为微软雅黑。

（4）将正文中所有的"智能家居"文字设置为标准色-红色、加着重号。

（5）参考样张，在正文适当位置插入图片 Ithouse.jpg，设置图片高度为合适大小，设置宽度、高度缩放比例均为 80％，环绕方式为紧密型。

（6）参考样张，为正文中四段加粗显示的小标题文字分别添加 1.5 磅、标准色-绿色、带阴影的边框。

（7）设置奇数页页眉为"智慧生活"，偶数页页眉为"美好未来"，均居中显示，并在所有页的页面底端插入页码，页码样式为"带状物"。

（8）将编辑好的文章以文件名 ed1.docx 保存在"考生文件夹 1"文件夹中。

2. 编辑 Excel 图表操作

调入"模拟练习\考生文件夹 1"中的 ex1.xlsx 文件，参考样张（见图 6-2）按下列要求进行操作。

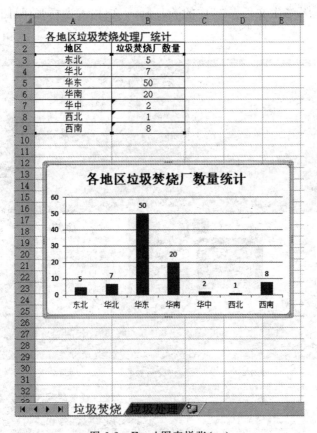

图 6-2　Excel 图表样张（一）

（1）将 Sheet1 工作表改名为"垃圾处理"，并将该工作表标签颜色设置为标准色-绿色。

（2）在"垃圾处理"工作表中，设置第一行标题文字"各地区垃圾焚烧厂统计"在 A1：F1 单元格区域合并后居中，字体格式为隶书、22 磅字、标准色-绿色。

　　(3) 在"垃圾处理"工作表 F 列中,利用公式计算各地区垃圾处理厂数量的合计(合计值为 C、D、E 列相应行数值之和)。

　　(4) 在"垃圾处理"工作表中,按地区升序排序。

　　(5) 在"垃圾处理"工作表中,将 A2:F2 单元格背景色设置为标准色-黄色,并设置 A11:F17 单元格样式为主题单元格样式、40%-强调文字颜色 3。

　　(6) 在"垃圾焚烧"工作表的 B7:B9 单元格中,引用"垃圾处理"工作表 E 列中的数据,利用公式分别统计华中、西北、西南地区垃圾焚烧厂的数量。

　　(7) 参考样张,在"垃圾焚烧"工作表中,根据各地区垃圾焚烧厂数量数据生成一张"簇状柱形图",嵌入当前工作表中,图表上方标题为"各地区垃圾焚烧厂数量统计",无图例,显示数据标签,并放置在数据点结尾之外。

　　(8) 将工作簿以文件名 ed1.xlsx 保存在"考生文件夹 1"文件夹中。

3. 编辑演示文稿操作

　　调入"模拟练习\考生文件夹 1"中的 pt1.pptx 文件,参考样张(见图 6-3)按下列要求进行操作。

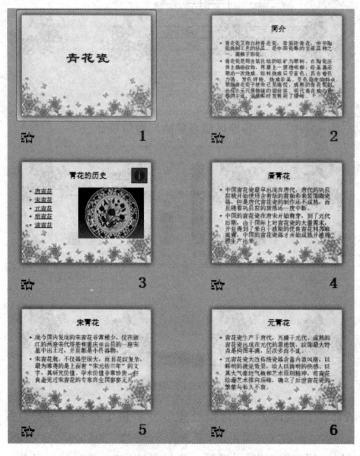

图 6-3　PowerPoint 演示文稿样张(一)

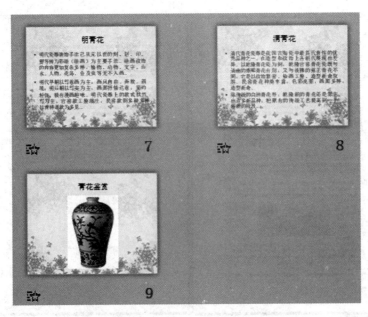

图　6-3(续)

（1）设置所有幻灯片背景图片为 back.jpg，所有幻灯片切换效果为垂直百叶窗。

（2）在第一张幻灯片中设置标题字体格式为隶书、80 磅字，设置标题的动画效果为轮子(2 轮辐图案)，持续时间为 3 秒。

（3）为第三张幻灯片中带项目符号的文字创建超链接，分别指向具有相应标题的幻灯片。

（4）在第三张幻灯片的右上角插入"信息"动作按钮，超链接指向网址 http://www.qinghuaci.net。

（5）在最后一张幻灯片中插入图片"青花瓷.jpg"，设置图片高度为 14 厘米、宽度为 10 厘米，图片的动画效果为单击时浮入(上浮)，持续时间为 2 秒。

（6）将演示文稿以文件名 pt1.pptx 保存在"考生文件夹 1"文件夹中。

模拟练习 2

1．编辑文稿操作

调入"模拟练习\考生文件夹 2"中的 ed2.docx 文件，参考样张(见图 6-4)按下列要求进行操作。

（1）将页面设置为：A4 纸，上、下页边距为 2.5 厘米，左、右页边距为 3.5 厘米，每页 40 行，每行 36 个字符。

（2）给文章加标题"青果巷"，设置其格式为微软雅黑、二号字、标准色-蓝色、字符间距加宽 8 磅，居中显示。

（3）设置正文第二段首字下沉 2 行，距正文 0.2 厘米，首字字体为黑体，其余段落设

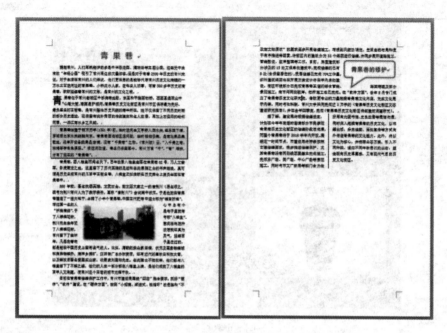

图 6-4　Word 文稿样张(二)

置为首行缩进 2 字符。

(4) 为正文第三段添加 1.5 磅、标准色-绿色、带阴影的边框,底纹填充色为主题颜色-金色、强调文字颜色 4、淡色 80%。

(5) 参考样张,在正文适当位置插入图片"青果巷.jpg",设置图片高度为 4 厘米、宽度为 8 厘米,环绕方式为四周型,图片样式为柔化边缘矩形。

(6) 将正文最后一段分为等宽的两栏,栏间加分隔线。

(7) 参考样张,在正文适当位置插入圆角矩形标注,添加文字"青果巷的修护",文字格式为黑体、三号字、标准色-红色,设置形状轮廓颜色为标准色-绿色,粗细为 2 磅,无填充色,环绕方式为紧密型。

(8) 将编辑好的文章以文件名 ed2.docx 保存在"考生文件夹 2"文件夹中。

2. 编辑 Excel 图表操作

调入"模拟练习\考生文件夹 2"中的 ex2.xlsx 文件,参考样张(见图 6-5)按下列要求进行操作。

(1) 将 Sheet1 工作表改名为"旅游收入",并将该工作表标签颜色设置为标准色-蓝色。

(2) 在"旅游收入"工作表中,设置第一行标题文字"旅游收入情况"在 A1:E1 单元格区域合并后居中,字体格式为黑体、18 磅、标准色-红色。

(3) 将 2006 工作表除第一行(标题行)外的所有数据复制到"旅游收入"工作表中,数据自 A120 单元格开始存放,然后隐藏 2006 工作表。

(4) 在"旅游收入"工作表的 E 列中,利用公式计算主要城市的人均旅游消费(人均旅游消费＝旅游收入/旅游人数),结果以不带小数位的数值格式显示。

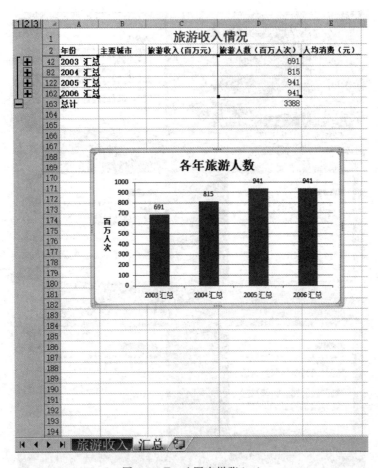

图 6-5　Excel 图表样张(二)

(5)在"旅游收入"工作表中,设置 A2:E2 单元格样式为"标题 3",复制"旅游收入"工作表,将复制的工作表改名为"汇总"。

(6)在"汇总"工作表中,利用分类汇总统计各年份旅游人数之和。

(7)参考样张,在"汇总"工作表中,根据各年份旅游人数的汇总数据生成一张"簇状柱形图",嵌入当前工作表中,图表上方标题为"各年旅游人数",主要纵坐标轴竖排标题为"百万人次",无图例,显示数据标签,并放置在数据点结尾之外。

(8)将工作簿以文件名 ed2.xlsx 保存在"考生文件夹 2"文件夹中。

3. 编辑演示文稿操作

调入"模拟练习\考生文件夹 2"中的 pt2.pptx 文件,参考样张(见图 6-6)按下列要求进行操作。

(1)所有幻灯片应用内置主题"华丽",所有幻灯片切换效果为覆盖(自左侧)。

(2)在第一张幻灯片中插入图片 skate.jpg,设置图片高度为 8 厘米、宽度为 12 厘米,图片的动画效果为:单击时自左侧飞入,并伴有疾驰声。

(3)为第三张幻灯片中带项目符号的文字创建超链接,分别指向具有相应标题的幻灯片。

图 6-6　PowerPoint 演示文稿样张(二)

（4）除标题幻灯片外，在其他幻灯片中添加幻灯片编号和页脚，页脚内容为"滑雪运动"。

（5）在最后一张幻灯片的左下角插入"第一张"动作按钮，链接目标为第一张幻灯片。

（6）将演示文稿以文件名 pt2.pptx 保存在"考生文件夹 2"文件夹中。

模拟练习 3

1. 编辑文稿操作

调入"模拟练习\考生文件夹 3"中的 ed3.docx 文件，参考样张（见图 6-7）按下列要求进行操作。

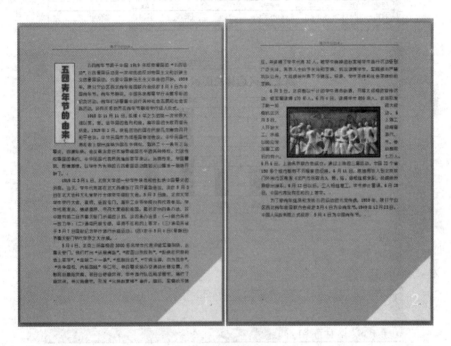

图 6-7 Word 文稿样张（三）

（1）将页面设置为：16 开纸，上、下、左、右页边距均为 3 厘米，每页 35 行，每行 30 个字符。

（2）设置正文所有段落首行缩进 2 字符，行距为固定值 18 磅。

（3）将正文中所有的"青年"设置为标准色-红色、加粗。

（4）参考样张，在正文适当位置插入竖排文本框，添加文字"五四青年节的由来"，文字格式为华文琥珀、二号字、标准色-蓝色，设置形状轮廓颜色为标准色-深红，粗细为 1.5 磅，填充色为标准色-黄色，环绕方式为四周型。

（5）参考样张，在正文适当位置插入图片 youth.jpg，设置图片高度为 4 厘米、宽度为 8 厘米，环绕方式为紧密型，图片样式为复杂框架、黑色。

（6）设置文档页眉为"青年节的由来"，居中显示，并在页面底端插入页码，页码样式为"三角形 2"。

（7）文档应用内置主题"活力"，页面颜色设置为主题颜色-深蓝、强调文字颜色 6、淡色 80％。

（8）将编辑好的文章以文件名 ed3.docx 保存在"考生文件夹 3"文件夹中。

2. 编辑 Excel 图表操作

调入"模拟练习\考生文件夹 3"中的 ex3.xlsx 文件，参考样张（见图 6-8）按下列要求进行操作。

图 6-8　Excel 图表样张（三）

（1）在"造林面积"工作表中，设置第一行标题文字"2009 年造林面积"在 A1：H1 单元格区域合并后居中，字体格式为隶书、24 磅、标准色-蓝色。

（2）在"造林面积"工作表的 C 列中，利用公式分别计算各省、市、自治区造林总面积（造林总面积为 D 列至 H 列相应行数值之和）。

（3）在"造林面积"工作表中，将 A3：H3 单元格背景色设置为标准色-绿色。

（4）在"造林面积"工作表中，筛选出西北地区的记录。

（5）将筛选出的"省、市、自治区"和"造林总面积"复制到"西北地区"工作表的 B4：C8 单元格中。

（6）在"西北地区"工作表的 C9 单元格中，利用公式统计西北地区造林总面积。

（7）参考样张，在"造林面积"工作表中，根据筛选出的造林总面积数据，生成一张"簇状柱形图"，嵌入当前工作表中，图表上方标题为"西北地区造林总面积"，主要纵坐标轴横排标题为"公顷"，无图例，显示数据标签、并放置在数据点结尾之外。

（8）将工作簿以文件名 ed3.xlsx 保存在"考生文件夹 3"文件夹中。

3．编辑演示文稿操作

调入"模拟练习\考生文件夹 3"中的 pt3.pptx 文件，参考样张（见图 6-9）按下列要求进行操作。

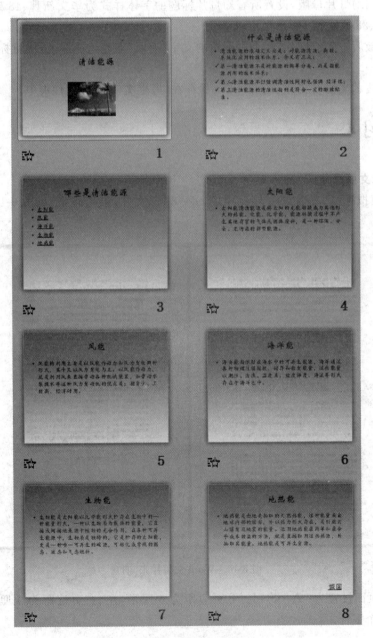

图 6-9　PowerPoint 演示文稿样张（三）

(1) 设置所有幻灯片背景为渐变填充预设颜色"雨后初晴",所有幻灯片切换效果为分割(中央向上下展开)。

(2) 在第一张幻灯片中插入图片"清洁能源.jpg",设置图片高度、宽度缩放比例均为200%,水平方向距离左上角 8 厘米,垂直方向距离左上角 10 厘米,设置图片的动画效果为:单击时自左侧飞入,持续时间为 1 秒。

(3) 为第三张幻灯片中带项目符号的文字创建超链接,分别指向具有相应标题的幻灯片。

(4) 利用幻灯片母版,设置所有幻灯片标题的字体样式为华文新魏、48 磅字,文本的格式为楷体、28 磅字。

(5) 在最后一张幻灯片中,为右下角的文字"返回"创建超链接,链接目标为第一张幻灯片。

(6) 将演示文稿以文件名 pt3.pptx 保存在"考生文件夹 3"文件夹中。

模拟练习 4

1. 编辑文稿操作

调入"模拟练习\考生文件夹 4"中的 ed4.docx 文件,参考样张(见图 6-10)按下列要求进行操作。

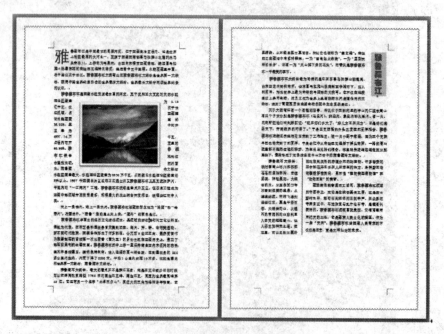

图 6-10 Word 文稿样张(四)

(1) 将页面设置为:A4 纸,上、下页边距为 3 厘米,左、右页边距为 4 厘米,每页 40 行,每行 34 个字符。

（2）设置正文第一段首字下沉 3 行，首字字体为黑体、标准色-蓝色，其余段落设置为首行缩进 2 字符。

（3）参考样张，在正文适当位置插入图片"雅鲁.jpg"，设置图片高度为 6 厘米、宽度为 8 厘米，环绕方式为紧密型，图片样式为简单框架、白色。

（4）将正文中所有的"雅鲁藏布江"设置为标准色-红色、加粗、加着重号。

（5）参考样张，在正文适当位置插入竖排文本框，添加文字"雅鲁藏布江"，文字格式为华文琥珀、二号字、标准色-绿色，设置形状填充色为主题颜色-金色、强调文字颜色 4、淡色 60％，无轮廓，环绕方式为四周型。

（6）将正文最后两段分为偏左的两栏，栏间加分隔线，栏间距为 2 字符。

（7）设置页面边框：方框、单波浪线、标准色-绿色、1.5 磅。

（8）将文稿以文件名 ed4.pptx 保存在"考生文件夹 4"文件夹中。

2. 编辑 Excel 图表操作

调入"模拟练习\考生文件夹 4"中的 ex4.xlsx 文件，参考样张（见图 6-11）按下列要求进行操作。

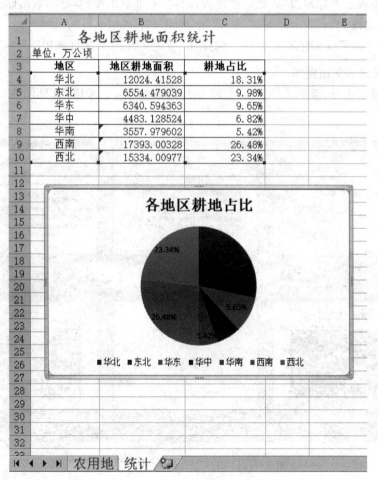

图 6-11 Excel 图表样张（四）

(1) 在"农用地"工作表中,设置第一行标题文字"各地区耕地面积"在 A1:E1 单元格区域合并后居中,字体格式为楷体、18 磅、标准色-红色。

(2) 在"农用地"工作表的 C35:E35 单元格中,利用公式分别计算耕地、园地、牧草地面积的合计值。

(3) 在"农用地"工作表中,设置表格中所有数值数据以带 1 位小数的数值格式显示。

(4) 在"农用地"工作表中,将 A3:E3 和 A35:E35 单元格区域背景色设置为标准色-浅绿。

(5) 在"统计"工作表的 B8:B10 单元格中,引用"农用地"工作表 C 列中的数据,利用公式分别统计华南、西南、西北地区的耕地面积之和。

(6) 在"统计"工作表 C 列中,引用"农用地"工作表中的合计数据,利用公式计算各地区耕地面积占合计值的比例,结果以带 2 位小数的百分比格式显示(要求使用绝对地址表示耕地面积合计值)。

(7) 参考样张,在"统计"工作表中,根据各地区耕地占比生成一张"饼图",嵌入当前工作表中,图表上方标题为"各地区耕地占比",在底部显示图例,显示数据标签、并放置在数据点结尾之内。

(8) 将工作簿以文件名 ed4.xlsx 保存在"考生文件夹 4"文件夹中。

3. 编辑演示文稿操作

调入"模拟练习\考生文件夹 4"中的 pt4.pptx 文件,参考样张(见图 6-12)按下列要求进行操作。

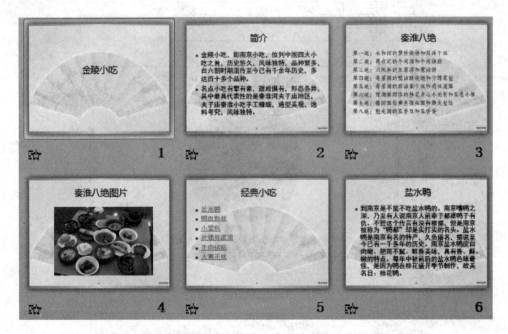

图 6-12　PowerPoint 演示文稿样张(四)

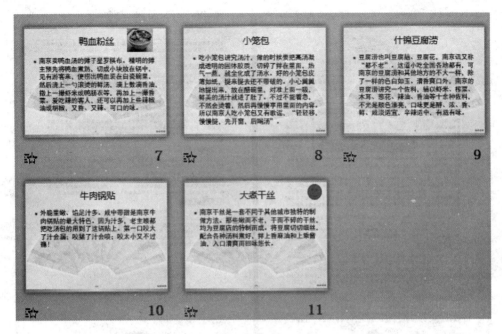

图 6-12(续)

(1) 所有幻灯片应用内置主题"暗香扑面",所有幻灯片切换效果为时钟(楔入)。

(2) 在第四张幻灯片中插入图片"秦淮八绝.jpg",设置图片高度为 12 厘米、宽度为 18 厘米,图片的动画效果为:单击时浮入(上浮),并伴有鼓掌声。

(3) 为第五张幻灯片中带项目符号的文字创建超链接,分别指向具有相应标题的幻灯片。

(4) 除标题幻灯片外,在其他幻灯片中插入幻灯片编号和页脚,页脚内容为"金陵美食"。

(5) 在最后一张幻灯片的右上角插入"笑脸"形状,为该形状设置超链接,链接目标为第五张幻灯片。

(6) 将演示文稿以文件名 pt4.pptx 保存在"考生文件夹 4"文件夹中。

模拟练习 5

1. 编辑文稿操作

调入"模拟练习\考生文件夹 5"中的 ed5.docx 文件,参考样张(见图 6-13)按下列要求进行操作。

(1) 将页面设置为:A4 纸,上、下页边距为 2 厘米,左、右页边距为 2.5 厘米,每页 45 行,每行 40 个字符。

(2) 给文章加标题"双一流",设置其格式为微软雅黑、二号字、标准色-蓝色、字符间距加宽 8 磅,居中显示。

(3) 设置正文第一段首字下沉 2 行,首字字体为黑体、标准色-红色。

(4) 参考样张,在正文适当位置插入图片"双一流.jpg",设置图片高度、宽度缩放比

图 6-13　Word 文稿样张(五)

例均为 70%,环绕方式为四周型,图片样式为简单框架、黑色。

(5) 参考样张,为正文中加粗显示的小标题文字分别添加 1.5 磅、标准色-蓝色、带阴影的边框。

(6) 参考样张,在正文适当位置插入椭圆形标注,添加文字"科技是第一生产力",文字格式为黑体、四号字、加粗、标准色-绿色,设置形状填充色为标准色-橙色,无轮廓,环绕方式为紧密型。

(7) 设置奇数页页眉为"一流大学",偶数页页眉为"一流学科",均居中显示,并在所有页的页面底端插入页码,页码样式为"圆形"。

(8) 将文稿以文件名 ed5.docx 保存在"考生文件夹 5"文件夹中。

2. 编辑 Excel 图表操作

调入"模拟练习\考生文件夹 5"中的 ex5.xlsx 文件,参考样张(见图 6-14)按下列要求进行操作。

(1) 在"建设用地"工作表中,设置第一行标题文字"各类建设用地占比"在 A1:E1 单元格区域合并后居中,字体格式为黑体、20 磅、标准色-深红。

(2) 在"建设用地"工作表的 B4:D4 单元格中,利用公式分别计算三类用地的合计值。

(3) 在"建设用地"工作表 E 列中,利用公式分别计算各行对应的总计值(总计为 B、C、D 列相应行数值之和)。

(4) 在"建设用地"工作表中,设置表格中所有数值数据以不带小数位的数值格式显示。

图 6-14　Excel 图表样张(五)

(5) 在"占比统计"工作表中,设置 A3:D3 单元格样式为主题单元格样式,强调文字颜色 1。

(6) 在"占比统计"工作表的第 4 行中,引用"建设用地"工作表中的数据,利用公式分别计算三类用地所占比例,结果以带 2 位小数的百分比格式显示(要求使用绝对地址表示总计值)。

(7) 参考样张,在"占比统计"工作表中,根据各类用地占比数据,生成一张"分离型饼图",嵌入当前工作表中,图表上方标题为"各类建设用地占比",在顶部显示图例,显示数据标签并放置在数据点结尾之内。

(8) 将工作簿以文件名 ed5.xlsx 保存在"考生文件夹 5"文件夹中。

3. 编辑演示文稿操作

调入"模拟练习\考生文件夹 5"中的 pt5.pptx 文件,参考样张(见图 6-15)按下列要求进行操作。

(1) 所有幻灯片应用内置主题"跋涉",所有幻灯片切换效果为形状(菱形)。

(2) 设置幻灯片大小为全屏显示(16∶9),放映方式为观众自行浏览(窗口)。

(3) 在第三张幻灯片中插入图片 koala.jpg,设置图片高度、宽度均为 8 厘米,图片的动画效果为:单击时浮入(上浮),持续时间为 2 秒。

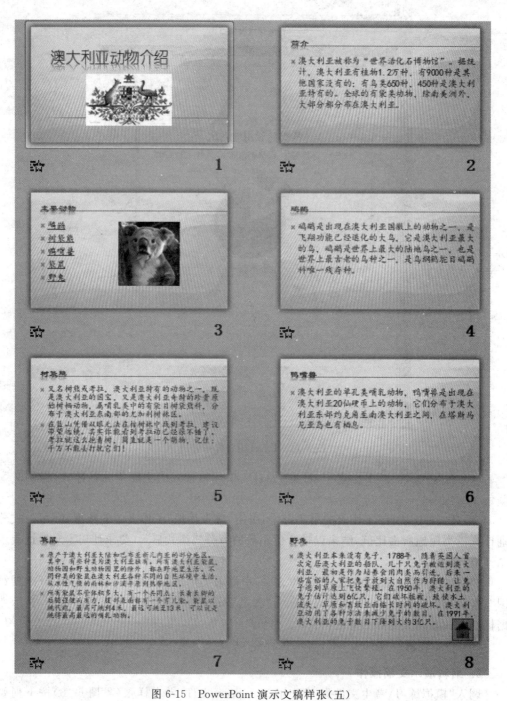

图 6-15　PowerPoint 演示文稿样张（五）

　　（4）为第三张幻灯片中带项目符号的文字创建超链接，分别指向具有相应标题的幻灯片。

　　（5）在最后一张幻灯片的右下角插入"第一张"动作按钮，链接目标为第一张幻灯片。

　　（6）将演示文稿以文件名 pt5.pptx 保存在"考生文件夹 5"文件夹中。

模拟练习(二级 B)

模拟练习 1

1. 编辑文稿操作

根据“模拟练习\考生文件夹 6”中提供的素材编辑文稿。

(1) 参考样张如图 7-1 所示,按下列要求操作。

① 新建文档,在“开始邮件合并”中,创建“标签”类型的主文档,标签类型为

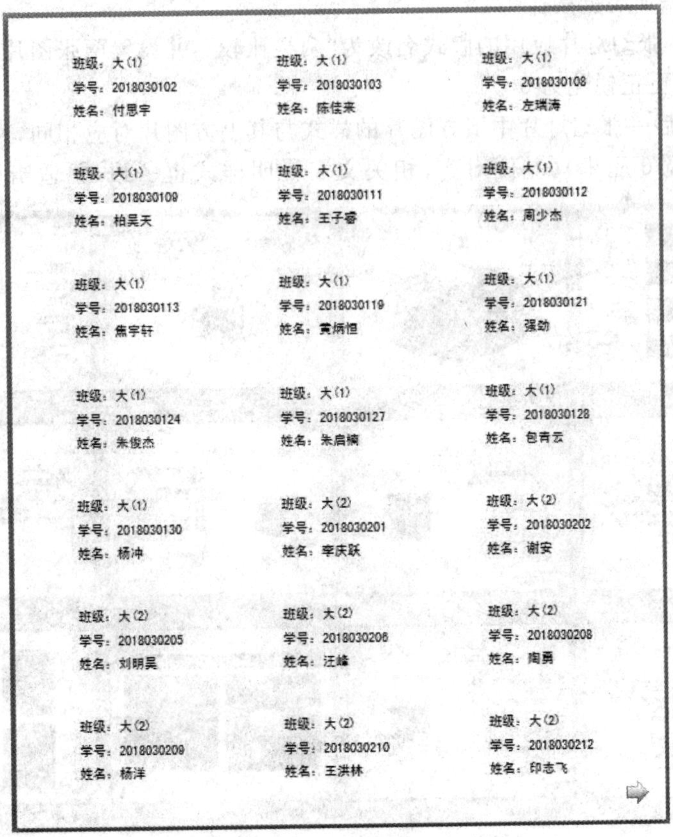

班级:大(1) 学号:2018030102 姓名:付思宇	班级:大(1) 学号:2018030103 姓名:陈佳来	班级:大(1) 学号:2018030108 姓名:左瑞涛
班级:大(1) 学号:2018030109 姓名:柏昊天	班级:大(1) 学号:2018030111 姓名:王子睿	班级:大(1) 学号:2018030112 姓名:周少杰
班级:大(1) 学号:2018030113 姓名:焦宇轩	班级:大(1) 学号:2018030119 姓名:黄炳恒	班级:大(1) 学号:2018030121 姓名:强劲
班级:大(1) 学号:2018030124 姓名:朱俊杰	班级:大(1) 学号:2018030127 姓名:朱启楠	班级:大(1) 学号:2018030128 姓名:包青云
班级:大(1) 学号:2018030130 姓名:杨冲	班级:大(2) 学号:2018030201 姓名:李庆跃	班级:大(2) 学号:2018030202 姓名:谢安
班级:大(2) 学号:2018030205 姓名:刘明昊	班级:大(2) 学号:2018030206 姓名:汪峰	班级:大(2) 学号:2018030208 姓名:陶勇
班级:大(2) 学号:2018030209 姓名:杨洋	班级:大(2) 学号:2018030210 姓名:王洪林	班级:大(2) 学号:2018030212 姓名:印志飞

图 7-1 Word 文稿样张(一)

"A4(纵向)"。

②　新建标签,设置标签列数为3、行数为7,标签名称为"标贴",上边距为0.5厘米、侧边距为0.6厘米,标签高度为4厘米、宽度为6.5厘米,纵向跨度为4.1厘米、横向跨度为6.6厘米。

③　参考样图制作主文档,以素材文件"学生名单.xlsx"中的Sheet1工作表作为数据源,在标签中插入"班级""学号""姓名"对应的文字及合并域。

④　设置所有标签字体为黑体、小四号字,左缩进4字符,中部两端对齐并更新标签。

⑤　编辑收件人列表,设置筛选条件,合并生成所有大班男生的标贴。

(2)　将主文档保存为"学生标贴.docx",将合并后的文档保存为"大班男生标贴.docx",均存放于"模拟练习\考生文件夹6"文件夹中。

2. 编辑演示文稿操作

根据"模拟练习\考生文件夹6"中提供的素材制作演示文稿。

(1)　打开"荔枝.pptx"演示文稿,参考样张如图7-2所示,按下列要求操作。

①　设置幻灯片主题为内置"主管人员",并修改其主题颜色中的超链接颜色为标准色"紫色"。

②　参考样图,将第4张幻灯片内容分两栏,设置箭头项目符号,并为后续有单张幻灯片介绍的品种添加超链接。

③　将第11张幻灯片应用的版式名改为"两栏比较",并设置两张图片样式为"简单框架,白色",图片更正锐化为55%。

④　设置最后一张幻灯片中下方图片的样式与其上方图片对应相同,且图片大小也一样(高6厘米、宽6厘米)、左侧对齐,相关文字说明样式也一致,并适当调整,整体风格

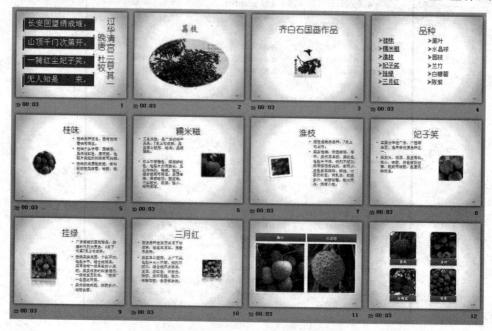

图7-2　PowerPoint演示文稿样张(一)

一致。

⑤ 设置幻灯片编号,设置奇数页幻灯片切换方式为水平百叶窗,偶数页幻灯片切换方式为垂直水平百叶窗,持续时间为 2 秒,自动换片时间为 3 秒。

(2) 保存演示文稿"荔枝.pptx",存放于"模拟练习\考生文件夹 6"文件夹中。

3. 数据库操作

根据"模拟练习\考生文件夹 6"中提供的素材完成数据库操作。

(1) 打开 test1.accdb 数据库,涉及的表及关系如图 7-3 所示,按下列要求操作。

① 基于"学生""成绩"表,查询所有成绩大于 90 或小于 60 的学生成绩,要求输出"学号""姓名""课程代码""成绩"和成绩表"备注",查询保存为 CX1。

② 基于"院系""学生""成绩"表,查询各学院学生单科课程最高分,备注为"作弊"的成绩不参加统计(利用 Is Null 条件),要求输出"院系代码""院系名称""课程代码""单科最高分",查询保存为 CX2。

③ 将 CX2 查询结果导出为工作簿"学院单科最高分.xlsx",存放于"模拟练习\考生文件夹 6"文件夹中。

(2) 保存数据库 test1.accdb,存放于"模拟练习\考生文件夹 6"文件夹中。

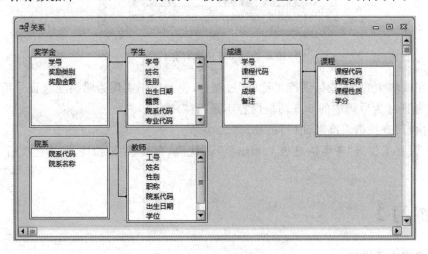

图 7-3　关系图样张(一)

4. 编辑 Excel 图表操作

根据"模拟练习\考生文件夹 6"中提供的素材,完成电子表格的制作。

(1) 打开"考生信息表 1.xlsm"电子表格,参考样张如图 7-4 所示,按下列要求操作。

① 根据工作表"考生信息"中的 C 列数据,利用 MOD 及 MID 等函数,完成 D 列内容(身份证号第 17 位数字:奇数表示男性,偶数表示女性)。

② 根据工作表"考生信息"中的 G 列数据,利用 IF 函数,完成 H 列内容(按考试时间顺序分为第一场至第四场)。

③ 根据工作表"考生信息"中的数据,在工作表"考生统计"中,利用 COUNTIF 函数统计各科目考生人数,计算考生比例,百分比显示,保留两位小数。

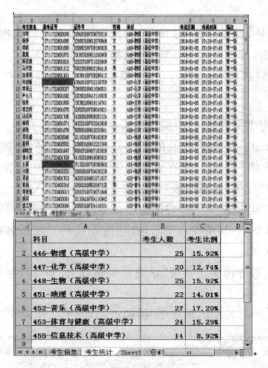

图 7-4　Excel 图表样张(一)

④ 在模块 1 的"查找错误准考证()"过程中,完善代码实现为错误准考证号填充红色(错误准考证号为号码中的 5、6 两位内容不是"17")。

⑤ 执行"查找错误准考证()"过程。

(2) 保存工作簿"考生信息表 1. xlsm"及其代码,存放于"模拟练习\考生文件夹 6"文件夹中。

模拟练习 2

1. 编辑文稿操作

根据"模拟练习\考生文件夹 7"中提供的素材编辑文稿。

(1) 打开"世界杯. docx"文档,参考样张如图 7-5 所示,按下列要求操作。

① 导入素材文件"样式标准. docx"中的样式"标题 1""标题 2"。

② 设置多级列表样式为"1 标题 1……""1.1 标题 2……"。

③ 将文档中"(一级标题)"所在段落应用"标题 1"样式,"(二级标题)"所在段落应用"标题 2"样式,并删除文字"(一级标题)""(二级标题)"。

④ 参考样张,在图、表注释文字前添加题注,编号包含章节号,章节起始样式为标题 1(见图 7-5),并修改"题注"样式:黑体、居中。

⑤ 参考样张,在图、表上方的文字"如所示"中交叉引用图或表类型,引用内容为"只有标签和编号"。

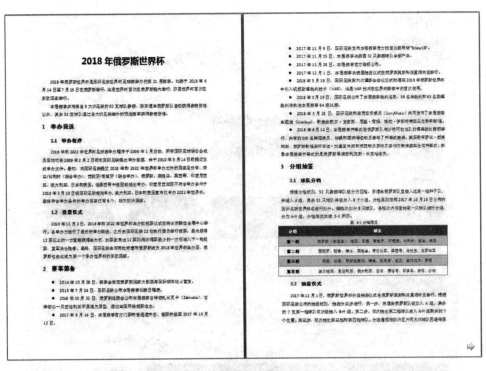

图 7-5　Word 文稿样张(二)

(2) 保存文档为"世界杯.docx",存放于"模拟练习\考生文件夹 7"文件夹中。

2. 编辑演示文稿操作

根据"模拟练习\考生文件夹 7"中提供的素材制作演示文稿。

(1) 打开"阿尔茨海默病.pptx"演示文稿,参考样张如图 7-6 所示,按下列要求操作。

① 设置幻灯片主题为内置"茅草",字体为"跋涉",第 1 张幻灯片的背景样式为"样式 2"。

② 在第 2、5、10 张幻灯片前建立"情况介绍""发病机制"和"饮食原则"三节,并以此命名;隐藏第 10 张幻灯片。

③ 在第 3 张幻灯片右侧的占位符中插入"簇状柱形图",数据源为素材文件"上海社区阿尔茨海默病发病率.txt",设置图表布局为"布局 4",图表样式为"样式 28"。

④ 参考样张,将第 5 张幻灯片中内容占位符文本转换成"射线维恩图"布局的 SmartArt 图形,将"发病机制"下方的各项文本下降一级,更改颜色为"彩色范围-强调文字颜色 4 至 5",样式为"强烈效果",第二级图形形状更改为"泪滴形";将 SmartArt 图形转换为形状,并取消组合;为所有泪滴形图形添加"淡出"动画效果,上一动画之后开始,单击"发病机制"图形时触发动画。

⑤ 创建"三栏文本"版式(位于母版的最后),插入三个文本占位符,并将第一级文本设置"带填充效果的钻石形项目符号",大小为 90% 字高,颜色为标准色"橙色",将该版式应用于第 6 张幻灯片。

(2) 保存演示文稿"阿尔茨海默病.pptx",存放于"模拟练习\考生文件夹 7"文件夹中。

图 7-6　PowerPoint 演示文稿样张(二)

3. 数据库操作

根据"模拟练习\考生文件夹 7"中提供的素材完成数据库操作。

(1) 打开 test1.accdb 数据库,涉及的表及关系如图 7-7 所示,按下列要求操作。

① 在"奖学金"表中,为所有"校长奖"奖励金额增加 2000。

② 基于"院系""学生"表,查询所有文学院江苏籍的学生名单,要求输出"学号""姓名""性别""院系名称",查询保存为 CX1。

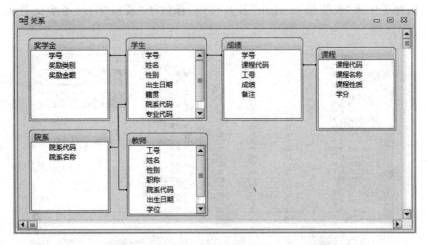

图 7-7　关系图样张(二)

③ 基于"学生""成绩"表,查询学生考试科目门数及成绩合计,备注为"作弊"的成绩不参加统计(利用 Is Null 条件),要求输出"学号""姓名""门数""总分",查询保存为 CX2。

(2) 保存数据库 test1.accdb,存放于"模拟练习\考生文件夹 7"文件夹中。

4. 编辑 Excel 图表操作

根据"模拟练习\考生文件夹 7"中提供的素材,完成电子表格的制作。

(1) 打开"成绩单 4.xlsm"电子表格,参考样张如图 7-8 所示,按下列要求操作。

① 在工作表"公共课成绩单"中,利用 SUM 函数,完成 F 列的内容;并利用 AVERAGEIF 函数,完成各门课程及格学生的平均分,填写在 C21:E21 单元格区域中,并设置格式保留一位小数位数。

② 在工作表"公共课成绩单"中,利用 COUNTIF 函数,统计语文优秀人数和语文不及格人数(90 分及以上为优秀),填写在 J2:J3 单元格区域。

③ 在工作表"公共课成绩单"中,利用 MAX、INDEX 和 MATCH 函数,查找英语最高分和英语最高分姓名,填写在 J5:J6 单元格区域。

④ 根据工作表"选修课成绩单"中的数据,按照课程名称、系别嵌套分类汇总各门课程各系的学生人数(课程名称按升序,系别按"经济、自动控制、数学、计算机、信息"自定义序列,人数按照学号计数)。

⑤ 在模块 1 的"系别()"过程中,实现在工作表"公共课成绩单"中根据学号的第 5~6 位数据判断相应系别名称,并执行"系别()"过程,完成 G 列内容。

学号的第 5~6 位	系别
01	信息
02	计算机
03	自动控制
04	经济
05	数学

（2）保存工作簿"成绩单 4. xlsm"及其代码，存放于"模拟练习\考生文件夹 7"文件夹中。

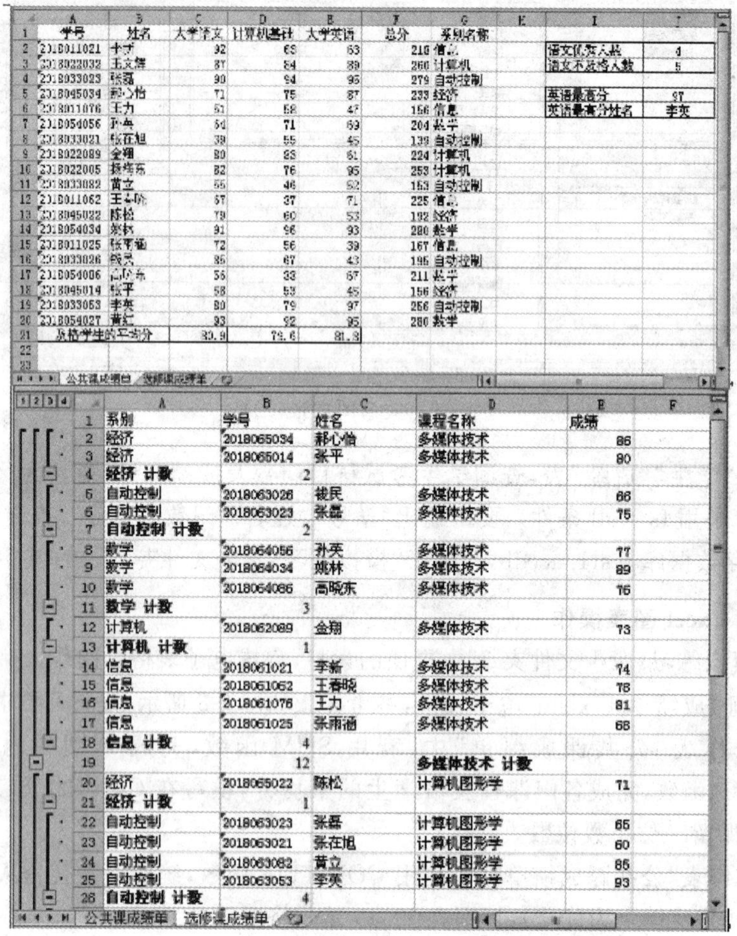

图 7-8　Excel 图表样张（二）

模拟练习 3

1. 编辑文稿操作

根据"模拟练习\考生文件夹 8"中提供的素材编辑文稿。

（1）打开"藏羚羊. docx"文档，参考样张如图 7-9 所示，按下列要求操作。

① 修改"标题 1"样式：字体为微软雅黑、小二号、加粗，段前、段后间距为 0. 5 行，1. 5 倍行距，左对齐。

② 导入"节标题"样式：导入素材文件"参考样式. docx"中的"节标题"样式，修改段落间距为 1. 5 倍行距。

③ 设置该文档多级列表样式为"1 标题 1……""1. 1 节标题……"，将文档中蓝色倾斜文字应用"标题 1"样式，绿色倾斜文字应用"节标题"样式。

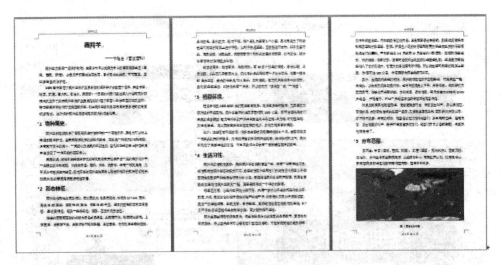

8.6　藏羚邮票

中国于 2003 年 7 月 20 日发行了 1 套 2 枚 1 种的藏羚邮票。

表 8-1　藏羚邮票信息

志号	类别	印刷方式	发行日期	每套枚数	每套面值(元)
2003-12T	编年邮票	影雕套印	2003-7-20	2	2.8

其中，面值为 80 分的藏羚邮票发行量为 960 万枚，面值为 200 分的藏羚邮票发行量为 870 万枚。

图 7-9　Word 文稿样张(三)

④ 参考样张，将文中红色文字转换为表格，套用"浅色列表-强调文字颜色 1"表格样式，并为表格添加题注，题注编号包含章节号，以"标题 1"为章节起始样式，使用"-(连字符)"为分隔符。

⑤ 设置文档页眉页脚：页眉使用 StyleRef 域设置对标题 1 的引用(即页眉可随标题 1 自动变化)，页脚格式为"第 X 页共 Y 页"、起始页码为 1(可采用 Page 和 NumPages 域实现)，页眉页脚均居中显示。

(2) 保存文档"藏羚羊.docx"，存放于"模拟练习\考生文件夹 8"文件夹中。

2．编辑演示文稿操作

根据"模拟练习\考生文件夹 8"中提供的素材制作演示文稿。

(1) 打开"阿甘正传.pptx"，参考样张如图 7-10 所示，按下列要求操作。

① 修改节标题幻灯片版式，将素材文件"风景.png"图片设为背景，删除母版标题占位符和母版文本占位符，将第 2、4 和 7 张幻灯片应用该版式。

② 在第 2、4 和 7 张幻灯片前建立"历史背景""剧情简介""经典台词"三个小节，并以此命名；调换"剧情简介"与"经典台词"两节的位置。

③ 在第 1 张幻灯片之后插入一张新幻灯片，标题设为"目录"，居中显示。内容区中

图 7-10　PowerPoint 演示文稿样张(三)

插入"垂直框列表"的 SmartArt,输入"历史背景""经典台词"和"剧情简介",样式设为"强烈效果",更改颜色为"渐变循环-强调文字颜色 3",分别将文本所在的形状超链接到对应节的第 1 张幻灯片中。

④ 修改第 6 张"经典台词"幻灯片中的图片,删除背景(保持人物主题完整),设置饱和度为 33%,色温为 11 200K,图片样式为"矩形投影"。

⑤ 设置"经典台词"两页的幻灯片切换方式为"传送带",清除所有幻灯片中的计时。

(2) 保存演示文稿"阿甘正传.pptx",存放于"模拟练习\考生文件夹 8"文件夹中。

3. 数据库操作

根据"模拟练习\考生文件夹 8"中提供的素材完成数据库操作。

(1) 打开 test.accdb 数据库,涉及的表及关系如图 7-11 所示,按下列要求操作。

① 在"院系"表中,设置字段"院系代码"为主键。

② 基于"院系""学生"表,查询专业代码为 00901 所有学生的名单,要求输出"学号""姓名""性别""院系名称",查询保存为 CX1。

③ 基于"学生""奖学金"表,查询学生获得的最高奖励金额,要求输出"学号""姓名""最高获奖额",并按最高获奖额降序排序,查询保存为 CX2。

(2) 保存数据库 test.accdb,存放于"模拟练习\考生文件夹 8"文件夹中。

4. 编辑 Excel 图表操作

根据"模拟练习\考生文件夹 8"中提供的素材,完成电子表格的制作。

(1) 打开"研究生入学考试成绩.xlsm",参考样张如图 7-12 所示,按下列要求操作。

① 根据工作表"考生信息"中的数据,利用公式或函数完成工作表"初试成绩"的

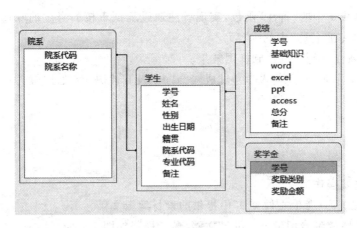

图 7-11　关系图样张(三)

C 列、G 列内容。

②　根据工作表"复试要求"中的内容,利用公式或函数完成工作表"初试成绩"的 M 列内容。

③　根据工作表"初试成绩"中的数据,筛选出复试名单。筛选要求:报考专业为"计算机系统结构"的汉族考生或"计算机应用技术"的少数民族考生记录,不在原有区域显示筛选结果,将结果复制到工作表"复试名单"的 A1 单元格。

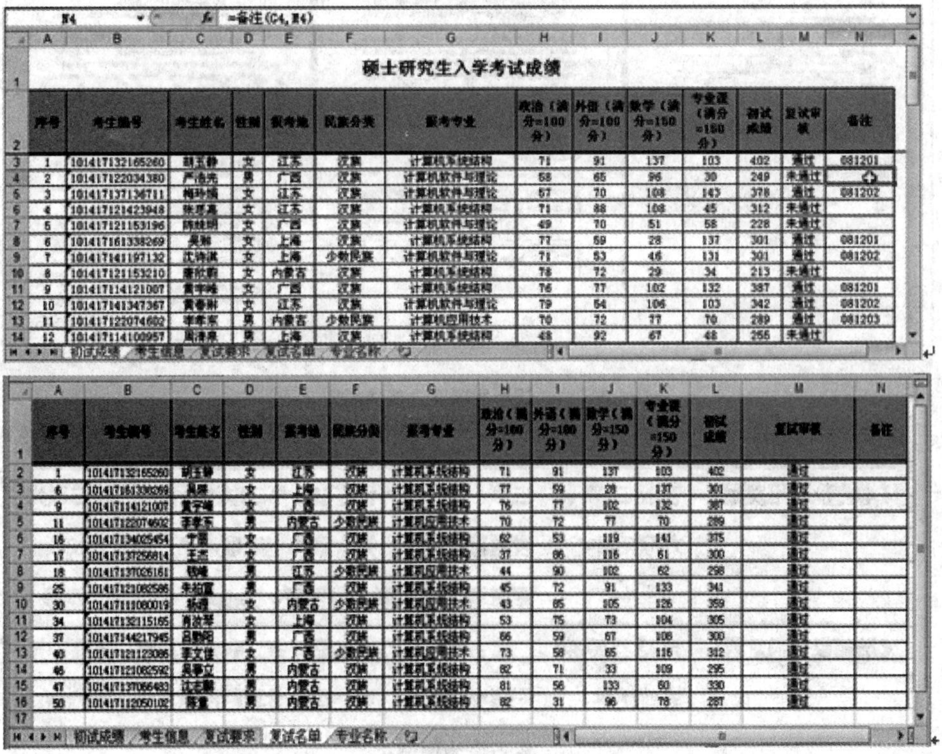

图 7-12　Excel 图表样张(三)

④ 完善模块 1 中的"备注"函数,实现备注通过复试审核的考生的专业代码(专业代码参考工作表"专业名称"中的内容)。

⑤ 执行"备注"函数,以达到样图效果。

(2) 保存工作簿"研究生入学考试成绩.xlsm"及其代码,存放于"模拟练习\考生文件夹 8"文件夹中。

模拟练习 4

1. 编辑文稿操作

根据"模拟练习\考生文件夹 9"中提供的素材编辑文稿。

(1) 打开"增值税专用发票.docx"文档,参考样张如图 7-13 所示,按下列要求操作。

① 删除文档中所有空行,除正副标题以外所有文字首行缩进 2 字符,1.5 倍行距。

② 修改并应用"标题 1"样式:设置"标题 1"样式的样式基准及后续段落样式均为正文,字体为微软雅黑、小二号、常规,段前、段后间距为 0.5 行,1.5 倍行距,定义新的编号格式为"1 "、左对齐,对所有红色倾斜文字应用该样式。

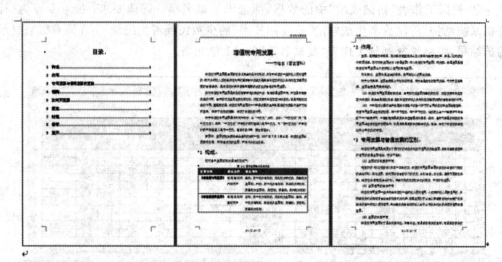

图 7-13　Word 文稿样张(四)

③ 参考样张，将标题"1 构成"中的文本转换为表格，并套用"浅色列表-强调文字颜色1"表格样式，并为表格添加题注编号及文字，题注编号包含章节号，以"标题 1"为章节起始样式，使用"-（连字符）"为分隔符。

④ 在文档首页创建目录，样式为内置"自动目录 1"，设置标题居中、二号、段前段后间距 1.5 行，所有目录文字加粗、四号；在目录后插入"下一页"分节符。

⑤ 设置文档页眉页脚：文档目录页无页眉页脚；其余页面页眉分奇偶页不同，奇数页显示"增值税专用发票"、右对齐；偶数页使用 StyleRef 域设置对标题 1 的引用、左对齐；页脚格式为"第 X 页共 Y 页"、起始页码为 1（可采用 Page 和 SectionPages 域实现），居中显示。

（2）保存文档"增值税专用发票.docx"，存放于"模拟练习\考生文件夹 9"文件夹中。

2. 编辑演示文稿操作

根据"模拟练习\考生文件夹 9"中提供的素材制作演示文稿。

（1）打开"海恩法则.pptx"，参考样张如图 7-14 所示，按下列要求依次操作。

① 设置幻灯片主题为内置"平衡"，并修改其主题颜色中超链接为"标准色-浅蓝"。

② 设置第 1 张幻灯片中的图片样式为柔化边缘椭圆，并旋转 15°，为所有幻灯片中的图片添加自右侧飞入的动画效果。

③ 将第 2 张幻灯片内容转换成"梯形列表"的 SmartArt，样式为白色轮廓，并为其文字设置超链接到相应的幻灯片。

④ 将最后一张幻灯片中的文字方向设置为竖排，其形状改为竖卷形，形状样式为"浅色 1 轮廓，彩色填充-橙色，强调颜色 1"。

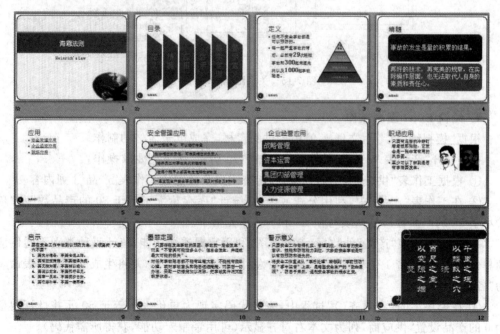

图 7-14　PowerPoint 演示文稿样张（四）

⑤ 设置幻灯片编号，但标题幻灯片中不显示，页脚为"海恩法则"；幻灯片放映类型为观众自行浏览；所有幻灯片切换方式为：分割，中央向上下展开，伴随声音为激光。

（2）保存演示文稿"海恩法则.pptx"，存放于"模拟练习\考生文件夹 9"文件夹中。

3. 数据库操作

根据"模拟练习\考生文件夹 9"中提供的素材完成数据库操作。

（1）打开 test.accdb 数据库，涉及的表及关系如图 7-15 所示，按下列要求操作。

① 基于"学生""成绩"表，查询所有总分大于 90 或小于 60 的学生成绩，要求输出"学号""姓名"和"总分"，查询保存为 CX1。

② 基于"院系""学生""奖学金"表，查询各学院学生单项奖金最高额，要求输出"院系代码""院系名称""单项奖金最高额"，查询保存为 CX2。

③ 将 CX2 查询结果导出为工作簿"单项最高奖.xlsx"，存放于"模拟练习\考生文件夹 9"文件夹中。

（2）保存数据库 test.accdb，存放于"模拟练习\考生文件夹 9"文件夹中。

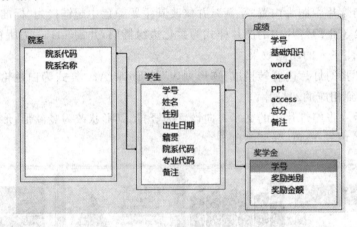

图 7-15　关系图样张（四）

4. 编辑 Excel 图表操作

根据"模拟练习\考生文件夹 9"中提供的素材，完成电子表格的制作。

（1）打开"产品表.xlsm"，参考样张如图 7-16 所示，按下列要求操作。

① 根据工作表"供应商"中的数据，利用公式或函数完成工作表"产品"J 列内容。

② 在工作表"产品"中，利用公式或函数，统计"库存量大于等于 80 的产品数"和"单价小于 50 的产品数"，分别填写在 L2 和 M2 单元格中。

③ 根据工作表"产品"的数据，参考样图，利用数据透视功能，统计每种类别不同供应商单价的平均值，带 1 位小数显示，显示行总计，不显示列总计，并将生成的新工作表命名为"各类别均价"。

④ 在模块 1 的"右对齐（）"过程中，完成代码实现为单价大于等于 50 元并且订购量为 0 的产品设置"供应商"列为文本右对齐显示（可用录制宏功能，获得所需代码）。

⑤ 执行"右对齐（）"过程。

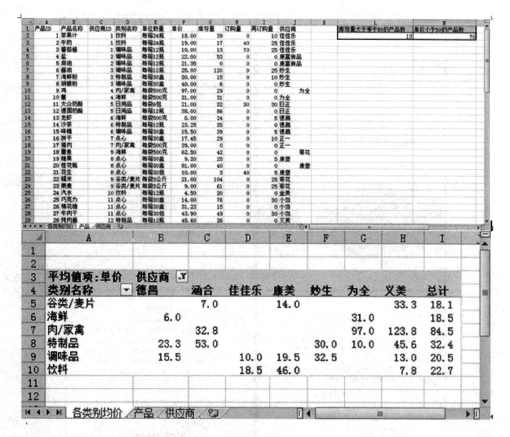

图 7-16　Excel 图表样张(四)

a. 保存工作簿"产品表.xlsm"及其代码,存放于"模拟练习\考生文件夹 9"文件夹中。

b. 保存工作簿"考生信息表 1.xlsm"及其代码,存放于"模拟练习\考生文件夹 9"文件夹中。

⑥ 执行"查找错误准考证()"过程。

(2) 保存工作簿"考生信息表 1.xlsm"及其代码,存放于"模拟练习\考生文件夹"文件夹中。

模拟练习 5

1. 编辑文稿操作

根据"模拟练习\考生文件夹 10"中提供的素材编辑文稿。

(1) 打开"机关车辆管理制度.docx"文档,参考样张如图 7-17 所示,按下列要求操作。

① 为文档创建"小室型"封面,设置标题为"机关车辆管理制度",作者为"保卫处",年份为 2017,删除公司等其他文字内容;删除后续文档中所有空行。

② 修改"标题 1"样式:字体为微软雅黑、二号、常规,段前、段后间距均为 0.5 行,1.5

图 7-17　Word 文稿样张(五)

倍行距,居中对齐,将所有章的标题应用该样式。

③ 新建并应用"节标题"样式。样式基准和后续段落样式均为正文,字体为仿宋、四号、常规,段前、段后均为 0 行,1.5 倍行距,悬挂缩进 5 字符,设置编号格式为"第 X 条",其中编号样式为"一、二、三(简)……",将各章标题下的文字应用该样式。

④ 参考样张,创建目录。目录格式为页码右对齐,制表符前导符样式为"……",目录仅显示"标题 1"1 级样式内容,字体为微软雅黑、四号;在生成的目录后插入"下一页"分节符,将目录与正文分开。

⑤ 设置页眉页脚:文档封面及目录页无页眉页脚;其余页面的页眉使用 StyleRef 域设置对"标题 1"的引用(即页眉可随标题 1 自动变化),页脚格式为"第 X 页共 Y 页"、起始

页码为 1(可采用 Page 和 SectionPages 域实现),页眉页脚均居中显示。

(2)保存文档"机关车辆管理制度.docx",存放于"模拟练习\考生文件夹 10"文件夹中。

2. 编辑演示文稿操作

根据"模拟练习\考生文件夹 10"中提供的素材制作演示文稿。

(1)打开"古代辉煌的历程.pptx",参考样张如图 7-18 所示,按下列要求操作。

① 为该演示文稿应用素材文件"文明古国.thmx",新建主题字体"文明",中文标题为隶书,中文正文为华文行楷。

② 在第 2 张幻灯片中,点击对应的文明古国名称,从右侧飞入对应的国家图片(图片顺序从左上角开始顺时针方向为古埃及、古印度、中国和古巴比伦)。

③ 为第 3 张幻灯片中的 7 个形状创建超链接,要求链接到相应幻灯片;为"更多……"文本创建超链接到素材文件"朝代简表.docx"。

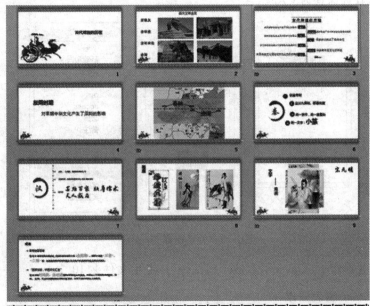

图 7-18 PowerPoint 演示文稿样张(五)

④ 参考样张,新增一个名为"两栏文字"的版式(添加至幻灯片母版最后),插入两个"文本"占位符,上下排列;将该版式应用于第 10 张幻灯片。

⑤ 清除所有幻灯片中的计时,设置放映方式为"观众自行浏览(窗口)"。

(2) 保存演示文稿"古代辉煌的历程.pptx",存放于"模拟练习\考生文件夹 10"文件夹中。

3. 数据库操作

根据"模拟练习\考生文件夹 10"中提供的素材完成数据库操作。

(1) 打开 test.accdb 数据库,涉及的表及关系如图 7-19 所示,按下列要求操作。

① 在"奖学金"表中,将所有"滚动奖"奖励金额增加到 600。

② 基于"院系""学生"表,查询所有退学学生名单,要求输出"学号""姓名""性别""院系名称",查询保存为 CX1。

③ 基于"学生""奖学金"表,查询各专业获"滚动奖"奖学金人次数,要求输出"专业代码""人次数",查询保存为 CX2。

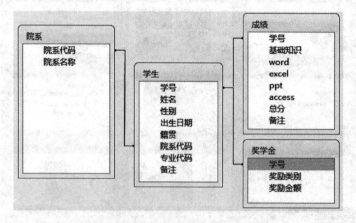

图 7-19　关系图样张(五)

(2) 保存数据库 test.accdb,存放于模拟练习\考生文件夹 10 中。

4. 编辑 Excel 图表操作

根据"模拟练习\考生文件夹 10"中提供的素材,完成电子表格的制作。

(1) 打开"订单表.xlsm",参考样张如图 7-20 所示,按下列要求操作。

① 在工作表"订单"中,设置条件格式,将 F 列中发货日期迟于到货日期的单元格数据用红色加粗字体显示。

② 在工作表"雇员"中,运用 SUBSTITUTE 等函数,填写该工作表中 I 列的内容。

③ 参考样张,在工作表"订单"中,利用数据透视表功能,统计各地区各运货商的平均运货费和同列所占百分比,并利用订购日期的年和季度进行筛选显示,将生成的新工作表命名为"统计情况"。

④ 编写模块 1 中的"设置填充色"过程,并利用该过程,完成对工作表"雇员"中女销售代表所在行设置填充色为"橙色"(可用录制宏功能,获得所需代码)。

⑤ 执行"设置填充色（）"过程。

（2）保存工作簿"订单表.xlsm"及其代码，存放于"模拟练习\考生文件夹 10"文件夹中。

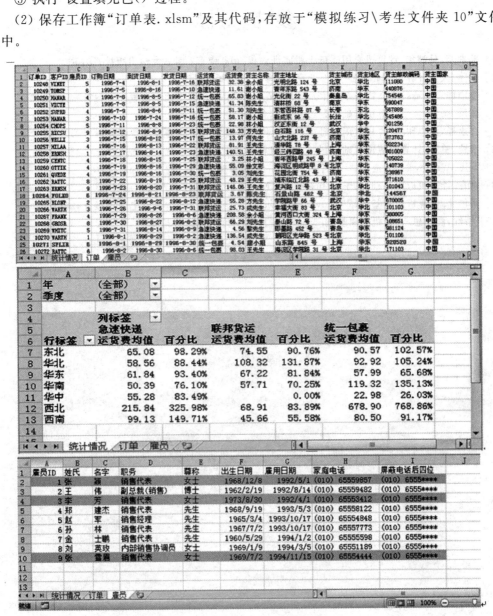

图 7-20　Excel 图表样张（五）

参 考 文 献

[1] 孙素燕,吴海华.计算机应用基础上机实训教程[M].南京：南京大学出版社,2013.

[2] 于萍.大学计算机基础教程[M].北京：清华大学出版社,2013.

[3] 姜增如.Access 2010 数据库技术及应用[M].北京：北京理工大学出版社,2012.

[4] 郭风,张博.大学计算机基础[M].北京：清华大学出版社,2012.

[5] 白永祥,汪忠印.计算机应用基础项目化教程[M].北京：北京理工大学出版社,2013.

[6] 秦婉,王蓉.计算机应用基础[M].北京：机械工业出版社,2011.

[7] 龙飞.Windows 7 完全自学手册[M].北京：北京希望电子出版社,2010.

[8] 柳青.计算机应用基础(基于 Office 2010)[M].北京：中国水利水电出版社,2013.

[9] 张俊才.计算机应用基础(Windows 7＋Office 2010)[M].大连：东软电子出版社,2011.

[10] 韦红,薛洲恩.计算机应用基础[M].3 版.北京：科学出版社,2012.

项目 **A**

江苏省高等学校非计算机专业学生计算机基础知识和应用能力等级考试大纲

一、总体要求

（1）掌握计算机信息处理与应用的基础知识。

（2）能比较熟练地使用操作系统、网络及 Office 等常用的软件。

二、考试范围

1. 计算机信息处理技术的基础知识

1）信息技术概况

（1）信息与信息处理基本概念。

（2）信息化与信息社会的基本含义。

（3）数字技术基础：比特、二进制数，不同进制数的表示、转换及其运算，数值信息的表示。

（4）微电子技术、集成电路及 IC 基本知识。

2）计算机组成原理

（1）计算机硬件的组成及其功能；计算机的分类。

（2）CPU 的结构；指令与指令系统；指令的执行过程；CPU 的性能指标。

（3）PC 机的主板、芯片组与 BIOS；内存储器。

（4）PC 机 I/O 操作的原理；I/O 总线与 I/O 接口。

（5）常用输入设备（键盘、鼠标、扫描仪、数码相机）的功能、性能指标及基本工作原理。

（6）常用输出设备（显示器、打印机）的功能、分类、性能指标及基本工作原理。

（7）常用外存储器（软盘、硬盘、光盘）的功能、分类、性能指标及基本工作原理。

3）计算机软件

（1）计算机软件的概念、分类及特点。

（2）操作系统的功能、分类和基本工作原理。

（3）常用操作系统及其特点。

（4）算法与数据结构的基本概念。

（5）程序设计语言的分类和常用程序设计语言；语言处理系统及其工作过程。

4) 计算机网络

(1) 计算机网络的组成与分类；数据通信的基本概念；多路复用技术与交换技术；常用传输介质。

(2) 局域网的组成、特点和分类；局域网的基本原理；常用局域网。

(3) 因特网的组成与接入技术；网络互连协议 TCP/IP 的分层结构、IP 地址与域名系统、IP 数据报与路由器原理。

(4) 因特网提供的服务；电子邮件、即时通信、文件传输与 WWW 服务的基本原理。

(5) 网络信息安全的常用技术；计算机病毒防范。

5) 数字媒体及应用

(1) 西文与汉字的编码；数字文本的制作与编辑；常用文本处理软件。

(2) 数字图像的获取、表示及常用图像文件格式；数字图像的编辑、处理与应用；计算机图形的概念及其应用。

(3) 数字音频获取的方法与设备；数字音频的压缩编码；语音合成与音乐合成的基本原理与应用。

(4) 数字视频获取的方法与设备；数字视频的压缩编码；数字视频的应用。

6) 计算机信息系统与数据库

(1) 计算机信息系统的特点、结构、主要类型和发展趋势。

(2) 数据库系统的特点与组成。

(3) 关系数据库的基本原理及常用关系型数据库。

(4) 信息系统的开发与管理的基本概念,典型信息系统。

2. 常用软件的使用

1) 操作系统的使用

(1) Windows 操作系统的安装与维护。

(2) PC 硬件和常用软件的安装与调试,网络、辅助存储器、显示器、键盘、打印机等常用外部设备的使用与维护。

(3) 文件管理及操作。

2) 因特网应用

(1) IE 浏览器：IE 浏览器设置,网页浏览,信息检索,页面下载。

(2) 文件上传、下载及相关工具软件的使用(WinRAR、迅雷下载、网际快车等)。

(3) 电子邮件：创建账户和管理账户,书写、收发邮件。

(4) 常用搜索引擎的使用。

3) Word 文字处理

(1) 文字编辑：文字的增、删、改、复制、移动、查找和替换；文本的校对。

(2) 页面设置：页边距、纸型、纸张来源、版式、文档网格、页码、页眉、页脚。

(3) 文字段落排版：字体格式、段落格式、首字下沉、边框和底纹、分栏、背景、应用模板。

(4) 高级排版：绘制图形、图文混排、艺术字、文本框、域、其他对象插入及格式设置。

(5) 表格处理：表格插入、表格编辑、表格计算。

（6）文档创建：文档的创建、保存、打印和保护。

4）Excel 电子表格

（1）电子表格编辑：数据输入、编辑、查找、替换；单元格删除、清除、复制、移动；填充柄的使用。

（2）公式、函数应用：公式的使用；相对地址、绝对地址的使用；常用函数（SUM、AVERAGE、MAX、MIN、COUNT、IF）的使用。

（3）工作表格式化：设置行高、列宽；行列隐藏与取消；单元格格式设置。

（4）图表：图表创建；图表修改；图表移动和删除。

（5）数据列表处理：数据列表的创建、删除、复制、移动及重命名；工作表及工作簿的保护、保存。

（6）工作簿管理及保存：工作表的创建、删除、复制、移动及重命名；工作表及工作簿的保护、保存。

5）PowerPoint 演示文稿

（1）基本操作：利用向导制作演示文稿；幻灯片插入、删除、复制、移动及编辑；插入文本框、图片、SmartArt 图形及其他对象。

（2）文稿修饰：文字、段落、对象格式设置；幻灯片的主题、背景设置、母版应用。

（3）动画设置：幻灯片中对象的动画设置、幻灯片间切换效果设置。

（4）超链接：超级链接的插入、删除、编辑。

（5）演示文稿放映设置和保存。

6）综合应用

（1）Word 文档与其他格式文档相互转换；嵌入或链接其他应用程序对象。

（2）Excel 工作表与其他格式文件相互转换；嵌入或链接其他应用程序对象。

（3）PowerPoint 嵌入或链接其他应用程序对象。

说明：

（1）软件环境：Windows XP/Windows 7 操作系统，Microsoft Office 2010 办公软件。

（2）考试方式为无纸化网络考试，考试时间为 90 分钟。

（3）试卷包含两部分内容。理论部分占 45 分，分单选题、填空题、是非题三种类型。操作题部分占 55 分，为 Word、Excel、PowerPoint 应用操作。

附录 **B**

全国计算机一级
Microsoft Office 考试大纲

一、基本要求

(1) 具有微型计算机的基础知识(包括计算机病毒的防治常识)。

(2) 了解微型计算机系统的组成和各部分的功能。

(3) 了解操作系统的基本功能和作用,掌握 Windows 的基本操作和应用。

(4) 了解文字处理的基本知识,熟练掌握文字处理 MS Word 的基本操作和应用,熟练掌握一种汉字(键盘)输入方法。

(5) 了解电子表格软件的基本知识,掌握电子表格软件 Excel 的基本操作和应用。

(6) 了解多媒体演示软件的基本知识,掌握演示文稿制作软件 PowerPoint 的基本操作和应用。

(7) 了解计算机网络的基本概念和因特网(Internet)的初步知识,掌握 IE 浏览器软件和 Outlook Express 软件的基本操作和使用。

二、考试内容

1. 计算机基础知识

(1) 计算机的发展、类型及其应用领域。

(2) 计算机中数据的表示、存储与处理。

(3) 多媒体技术的概念与应用。

(4) 计算机病毒的概念、特征、分类与防治。

(5) 计算机网络的概念、组成和分类;计算机与网络信息安全的概念和防控。

(6) 因特网网络服务的概念、原理和应用。

2. 操作系统的功能和使用

(1) 计算机软、硬件系统的组成及主要技术指标。

(2) 操作系统的基本概念、功能、组成及分类。

(3) Windows 操作系统的基本概念和常用术语,文件、文件夹、库等。

(4) Windows 操作系统的基本操作和应用。

① 桌面外观的设置,基本的网络配置。

② 熟练掌握资源管理器的操作与应用。

③ 掌握文件、磁盘、显示属性的查看、设置等操作。

④ 中文输入法的安装、删除和选用。

⑤ 掌握检索文件、查询程序的方法。

⑥ 了解软、硬件的基本系统工具。

3. 文字处理软件的功能和使用

(1) Word 的基本概念，Word 的基本功能和运行环境，Word 的启动和退出。

(2) 文档的创建、打开、输入、保存等基本操作。

(3) 文本的选定、插入与删除、复制与移动、查找与替换等基本编辑技术；多窗口和多文档的编辑。

(4) 字体格式设置、段落格式设置、文档页面设置、文档背景设置和文档分栏等基本排版技术。

(5) 表格的创建、修改；表格的修饰；表格中数据的输入与编辑；数据的排序和计算。

(6) 图形和图片的插入；图形的建立和编辑；文本框、艺术字的使用和编辑。

(7) 文档的保护和打印。

4. 电子表格软件的功能和使用

(1) 电子表格的基本概念和基本功能，Excel 的基本功能、运行环境、启动和退出。

(2) 工作簿和工作表的基本概念和基本操作，工作簿和工作表的建立、保存和退出；数据输入和编辑；工作表和单元格的选定、插入、删除、复制、移动；工作表的重命名和工作表窗口的拆分和冻结。

(3) 工作表的格式化，包括设置单元格格式、设置列宽和行高、设置条件格式、使用样式、自动套用模式和使用模板等。

(4) 单元格绝对地址和相对地址的概念，工作表中公式的输入和复制，常用函数的使用。

(5) 图表的建立、编辑和修改以及修饰。

(6) 数据清单的概念，数据清单的建立，数据清单内容的排序、筛选、分类汇总，数据合并，数据透视表的建立。

(7) 工作表的页面设置、打印预览和打印，工作表中链接的建立。

(8) 保护和隐藏工作簿和工作表。

5. PowerPoint 的功能和使用

(1) 中文 PowerPoint 的功能、运行环境、启动和退出。

(2) 演示文稿的创建、打开、关闭和保存。

(3) 演示文稿视图的使用，幻灯片基本操作(版式、插入、移动、复制和删除)。

(4) 幻灯片基本制作(文本、图片、艺术字、形状、表格等插入及其格式化)。

(5) 演示文稿主题选用与幻灯片背景设置。

(6) 演示文稿放映设计(动画设计、放映方式、切换效果)。

(7) 演示文稿的打包和打印。

6. 因特网(Internet)的初步知识和应用

(1) 了解计算机网络的基本概念和因特网的基础知识,主要包括网络硬件和软件、TCP/IP 协议的工作原理,以及网络应用中常见的概念,如域名、IP 地址、DNS 服务等。

(2) 能够熟练掌握浏览器、电子邮件的使用和操作。

三、考试方式

(1) 采用无纸化考试,上机操作。考试时间为 90 分钟。

(2) 软件环境: Windows 7 操作系统,Microsoft Office 2010 办公软件。

(3) 在指定时间内,完成下列各项操作。

① 选择题(计算机基础知识和网络的基本知识)。(20 分)

② Windows 操作系统的使用。(10 分)

③ Word 操作。(25 分)

④ Excel 操作。(20 分)

⑤ PowerPoint 操作。(15 分)

⑥ 浏览器(IE)的简单使用和电子邮件收发。(10 分)